U0277404

本课题由国家自然科学基金青年基金项目（51508306）、国家863项目（2009AA12Z121、2009AA12Z148）、中国博士后科学基金资助项目（2015M570509）联合资助

基于目标识别
和参数化技术
的城市建筑群三维重建方法研究

吴 宁 著

ZHEJIANG UNIVERSITY PRESS
浙江大学出版社

图书在版编目（CIP）数据

基于目标识别和参数化技术的城市建筑群三维重建方法研究 / 吴宁著. —杭州：浙江大学出版社，2016.5
ISBN 978-7-308-15839-8

Ⅰ.①基… Ⅱ.①吴… Ⅲ.①城市建筑－建筑设计－研究 Ⅳ.①TU984

中国版本图书馆 CIP 数据核字（2016）第 107080 号

基于目标识别和参数化技术的城市建筑群三维重建方法研究

吴　宁　著

责任编辑	王元新
责任校对	余梦洁
封面设计	续设计
出版发行	浙江大学出版社
	（杭州市天目山路 148 号　邮政编码 310007）
	（网址：http://www.zjupress.com）
排　　版	杭州中大图文设计有限公司
印　　刷	杭州杭新印务有限公司
开　　本	710mm×1000mm　1/16
印　　张	15.25
彩　　页	10
字　　数	305 千
版 印 次	2016 年 5 月第 1 版　2016 年 5 月第 1 次印刷
书　　号	ISBN 978-7-308-15839-8
定　　价	38.00 元

目　录

第1章 绪 论

1.1 研究背景

1.1.1 课题背景

本研究主要来源于合作导师的国家 863 资助项目——"面向高空间分辨率遥感影像的建筑物精确提取与类型识别技术"(项目编号 2009AA12Z121),以及合作参与中国科学院遥感应用研究所的国家 863 资助项目——"高空间分辨率影像人工目标自动识别技术及原型系统研发"(项目编号 2009AA12Z148)。这两个课题研究的核心在于:以高空间分辨率遥感影像中人工目标(尤其是建筑物)的快速、精确提取为目标,采用面向对象的遥感影像分析思路,通过高效和鲁棒的影像分割算法、矢量化和矢量图形优化算法、特征选择和基元分类算法等,实现人工目标各类信息(如建筑物的轮廓、高度和类型信息,机场、船舶和桥梁的位置信息等)的高精度提取,并且集成关键技术和算法,开发通用的、高效能的、面向对象的遥感影像信息提取软件原型系统。

本书是在笔者多年参与上述科研项目所积累成果的基础上,结合自身专业背景以及建筑设计、城市规划领域的最新发展需求,作了进一步拓展、深化和发展多学科交叉而来。

1.1.2 社会背景

1. 城市三维空间模型的需求日益增长

自 20 世纪 90 年代末美国前副总统阿尔·戈尔(Al Gore)提出数字地球的概念以来,作为其重要组成部分之一的数字城市(Digital City)已经引起了各国政府的高度重视,并日益成为各国高科技发展和城市建设的关注重点。截至 2012 年(吴晶晶,2012),我国已有 270 多个地级城市开展了数字城市建设,其中 125 个已经建成并投入使用;80 多个城市出台了数字城市建设应用管理办法。

1

数字城市已经成为我国政府科学决策的重要工具、社会综合管理的有效平台、百姓生活质量提高的得力助手、城市信息化水平的重要标志和城市现代化的展示窗口。而作为其重要基础设施的城市三维空间模型,其需求也随着数字城市的快速发展而日益增长。

此外,随着计算机图形学、虚拟现实技术和网络通信技术的发展与成熟,城市三维空间模型的应用领域日益扩展,在国家、地方政府和社会公众层面都得到了广泛应用。在国家层面,三维空间模型为国土、海洋、大气、地下工程、军事等重大领域问题的完整解决和空间信息的社会化应用服务提供支持;在地方政府层面,城市规划与管理、应急救灾、公共安全、环境保护、用地变化监测、地下管线管理等诸多方面都需要城市三维空间模型的辅助,以提高管理、决策的科学性和高效性;在社会公众层面,城市三维空间模型在建筑景观设计、地产和商业选址、虚拟旅游、交通导航、智能汽车(自动驾驶)、影视特效、动画制作等诸多领域得到广泛应用(王永会等,2012)。应用领域在各个层面(特别是社会公众层面)的迅速扩展,极大地促进了城市三维空间模型需求的增长。

2. 缺乏适用于大尺度城市建筑群的三维重建方法

城市三维空间模型包含地形、道路网、建筑群、植被、水体等多种要素,本书选择其中最具人工构筑物特征、最能反映城市整体空间形态的建筑群作为研究对象。目前,国内外已发展出了多种建筑物三维重建方法,大体可分为七类:①基于测绘地形数据的方法。该方法依赖于现有的测绘数据,采用手动或半自动方式添加高程和纹理,人工交互量大,仅适合于少量建筑单体或组团建模。②基于DEM数据的方法。该方法依赖于现有的高精度DEM地形数据,该数据通常难以获得,且建模精度受地形、地物复杂度影响较大。③基于影像识别技术的方法。该方法通过算法可以方便、廉价地从影像中获得建筑轮廓或三维模型,但目前该类方法多是针对某一具体目标而单独设计,缺乏统一的框架指导,且建模精度和效率均有待提高。④基于三维激光扫描技术的方法。该方法虽可获得高精度的点云数据,但需要专业的仪器设备,且制作成本高、周期长、技术门槛高,难以推广应用。⑤基于建筑矢量图纸智能识别技术的方法。该方法一般对原始数据格式、精度具有严格要求,多用于小规模的工程图纸重建,对于大尺度城市建筑群而言难以适用。⑥基于CSG建模技术的方法。该方法通过简单体素的几何变换和布尔运算来模拟真实建筑形态,建模速度快,模型结构简单,但对于复杂建筑形体的分解目前仍具有较大难度。⑦过程式建筑建模方法。该方法通过算法自动控制几何造型,具有建模速度快、参数可控、调整方便等优势,尤其适合大尺度建筑群体的三维建模。但目前该方法技术门槛较高、操作复杂,推广应用具有较大难度。由此可见,现有的建筑物三维重建方法在效率、精度、成本、尺度、技术门槛等方面不同程度存在缺陷，难以满足大空间尺度、大数据量、更新速度快的城市建筑群的三维重建需求。三维重建方法的自身缺陷与不足是导致当前模型制作成本高、门槛高、效率低、时效性差的重要原因，严重阻碍了数字城市的发展和相关研究与应用的开展。

3. 遥感影像已成为城市地理空间信息的重要获取源

进入 21 世纪以来，对地观测技术得到了空前发展。从太空、临近空间、航空、地面等多层次立体观测平台获取的遥感数据，特别是高分辨率遥感数据，正日益成为城市地理空间信息的重要获取源，主要原因在于：

（1）影像的空间分辨率和光谱分辨率显著提高，能反映精细的地物空间结构和分布信息。空间分辨率是指遥感影像上所能分辨的地面上最小目标的尺寸，它从遥感形成之初的 80m 分辨率，逐渐提高到 10m、5m 乃至 0.5m，军用的甚至可以达到 0.1m 的高精度。光谱分辨率是指成像的波段范围，波段越多，光谱分辨率就越高。现在的技术已经可以达到 400 多个波段，细分波段可以显著提高识别地物目标性质和成分的能力（王家耀等，2008）。

（2）时间分辨率提高，数据获取更加快捷、及时。时间分辨率是指重访周期的长短，目前一般对地观测卫星的重访周期为 15～25 天，通过多颗合理分布的卫星，高分辨率卫星遥感影像能够每隔 3～5 天为人类提供反映城市动态变化的翔实数据（王家耀等，2008），这为快速、即时地获取城市空间信息提供了便利。

（3）价格日趋低廉，相对于其他技术手段而言具有显著优势。近年来，遥感数据的价格日趋低廉，三波段融合、空间分辨率为 0.6m 真彩色或彩红外三个波段的 QuickBird（快鸟）影像数据价格在 150～250 元/平方公里，而空间分辨率为 0.5m 的 Geo Ortho Kit 单景影像的价格也仅在 200 元/平方公里上下，这相较于动辄需耗费数十万甚至上百万元的实地测绘、激光扫描、车载测绘、低空无人机遥感等技术而言，具有非常显著的价格优势。

高分辨率遥感影像的上述优势，为运用目标识别技术从遥感影像中提取建筑基础数据（包括建筑轮廓、高度、层数、纹理等）提供了有利条件。

4. 参数化技术在建筑规划领域的研究与应用日趋广泛和成熟

参数化技术通过对外部输入数据或参数的控制来调整设计对象之间的一系列关系，通过编程将人类智慧融入计算机模型的自动生成过程（Nagy D，2009）。该技术最早应用于航空航天、军事装备、汽车制造等尖端科技领域，近年来已逐渐扩展到建筑设计和城市规划等领域，并涌现出了一大批从事参数化建筑、规划设计的研究团队和研究机构，如 Arup 的 Advanced Geometry Unit、Smart Geometry Group，Foster 的 Special Modeling Group，Zaha Hadid 的

CODE 以及 Gehry Technologies 等。适用于建筑、规划行业的参数化辅助设计软件也如雨后春笋般涌现，并不断完善，例如 Digital Project、Generative Component、Rhino（Grasshopper）、Maya、CityCAD、Autodesk Revit、SoftPlan、Chief Architect、ArchiCAD、Nemetschek、SoftPlan、CityEngine 等。此外，随着技术的不断成熟，国内外涌现出了大量借助参数化技术完成的优秀工程案例，其中规划项目如伦敦奥运会基地的规划设计（徐丰，2010）、广西钦州城市规划（城市力场）（徐丰，2010）、基于流体城市概念的 Stratford 城市设计等，建筑项目如鸟巢、水立方、银河 SOHO、望京 SOHO 和杭州奥体中心体育游泳馆（游亚鹏等，2012）等。

当前，参数化技术正从理论、方法、技术等各个层面为建筑设计、城市规划领域带来革命性突破，已经成为该领域的研究热点和重要发展方向之一。其中，运用参数化技术，构建建筑、规划等领域所需的大尺度城市建筑群三维模型已成为可能。

1.2　研究意义

1.2.1　理论意义

1. 提供一套针对城市建筑群三维重建的崭新技术框架

针对城市建筑群三维重建这一广义建筑学中的子问题，本研究并非仅着眼于对底层技术方法的改进与创新，而是首先尝试从顶层技术框架的突破和创新入手，采用"从解构到重构"的框架分析与构建思路，提出了一套集目标识别、参数化建模、三维重建技术于一体的城市建筑群三维重建"三元交叉框架"。该框架由建筑群三维重建整体框架、建筑群目标识别子框架和建筑群参数化建模子框架三部分组成：前者实现了三大技术体系间的有效连接和整合；后两者对体系内部进行了改进、重组和创新，从框架层面实现了效能的更优化。本研究所提的"三元交叉框架"，将为基于目标识别和参数化技术的城市建筑群三维重建研究提供理论支撑和方法指导。

2. 提高国内人工地物目标识别方面的研究水平

对于建筑群目标识别子框架，本书重点研究了遥感影像分割、矢量图形优化、三维信息提取与坐标修正三方面内容。其中，针对传统遥感影像分割方法难以综合考虑光谱、形状、纹理等多种地物特征，遥感影像的多尺度特性、速度较慢从而无法适应海量数据快速处理的需求等问题，提出了面向对象的多尺度区域合并分割方法和基于量化合并代价的快速区域合并分割方法;针对传统矢量图形优化方法效率较低、缺乏多层次特性、所得建筑轮廓缺乏人工构筑物几何特征等问题,提出了基于删除代价的矢量图形单层次优化方法、面向遥感影像矢量化图形的多层次优化方法和面向建筑群的矩形拟合优化方法;针对现有三维信息提取方法参数过多、计算复杂的问题,提出了基于扩展统计模型的建筑群高度提取方法和三种城市建筑群层数估算模型,并针对侧向航拍影像的坐标误差提出了相应的修正方法。最后集成上述方法,开发了城市建筑群目标识别子系统(City Buildings Recognition System,CBRS)。上述研究成果将有力推动国内人工地物(特别是城市建筑群)目标识别方面的研究。

3. 全新的"参—建分离"系统架构设计为参数化技术提供了新的发展思路

参数化,作为一种源自航空航天、军事装备、汽车制造等尖端科技领域的高新技术,近年来发展迅速,并逐渐向工业设计、建筑设计、城市规划等领域扩展。但是,由于技术门槛高、前期投入大、操作复杂,参数化技术在大众领域的推广应用进展缓慢。本研究从问题根源——参数化平台的系统架构入手,突破其固有模式,创造性地提出了"参—建分离"(即参数管理与自动建模相分离)的系统架构,并基于该架构开发了城市建筑群参数化建模子系统(CityUp)。在该架构下,用户只需负责参数管理、上传待处理文件到服务网站和下载完成的城市建筑群三维模型即可,而复杂的参数化建模过程则由位于服务端的自动建模模块自动完成。该架构大大降低了参数化平台的技术门槛和边际成本、提高了建模效率,为参数化技术的快速、广泛普及提供了新的发展思路。

1.2.2 应用价值

1. 为城市建筑群三维重建提供一套低成本、低门槛、高效率的大众化解决方案

城市建筑群三维重建过程包括建筑基础数据获取和三维模型构建两个方面。对于前者,当前建筑基础数据获取的途径少、难度大、成本高,且所获数据的时效性较差。对于后者,现有建筑物三维建模技术方法严重滞后,难以满足大尺度城市建筑群的三维重建需求。为此,本研究通过学科交叉,构建了一套集目标识别、参数化建模、建筑物三维重建技术于一体的城市建筑群三维重建"三元交叉框架",并针对遥感影像分割、矢量图形优化、三维信息提取及坐标修正、参数化建模等关键环节提出了一系列创新方法,在此基础上集成开发了3DRS软件原型系统。该研究成果将为城市建筑群三维重建提供一套低成本、低门槛、高效率的大众化解决方案。

2.为海量遥感数据的大规模应用增添一个新出口

随着航空航天技术、成像遥感技术和计算机技术的快速发展,人类所拥有的各种遥感平台和遥感器无论在种类、数量还是质量上都在不断提升(刘露,2007)。据统计(Stoney W E,2012),目前已有 20 多个国家拥有在轨运行的中/高分辨率遥感卫星,仅民用陆地成像遥感卫星领域,全世界在轨运行的分辨率不低于 39m 的可见光卫星共有 58 颗,雷达卫星 18 颗。各种航空航天成像遥感平台所产生的遥感影像数据正如同下雨般不断向地面传送,全球遥感影像数据集的规模正在以惊人的速度迅速膨胀。然而由于影像处理、分析等技术的局限,当前遥感数据的应用出口较少,大量数据被闲置和浪费(林辉,2005)。本研究提供了一条利用目标识别技术,从遥感影像中提取城市建筑群基础数据的可行途径,这将促使社会更多领域应用遥感影像数据积极建立和更新个性化的城市三维空间模型,从而为海量遥感数据的大规模应用增添了一个新出口。

3.促进参数化技术与建筑规划领域的进一步融合

本书将参数化技术引入城市建筑群三维重建过程之中,实现了从"2D"到"3D"的快速、自动建模。该技术的引入并非是对现有参数化平台的简单应用,而是充分考虑建筑、规划领域的特性,提出了"参—建分离"的系统架构,通过技术攻关开发实现了面向建筑和规划等领域设计人员的参数管理模块、位于服务端和高度流程化的自动建模模块以及负责中间连接的服务网站模块,并集成开发了城市建筑群参数化建模子系统 CityUp。整套子系统不仅可以服务基于现状的城市建筑群三维重建,还可以在方案构思、设计、比较和空间分析等诸多方面提供辅助设计和决策支持,从而促进参数化技术与建筑规划领域的进一步融合。

1.3　研究概念的界定

1.3.1　城市建筑群

本书的城市建筑群是指在城市较大区域范围内的人工建筑物群体。它从以下三个方面对本书研究作了限定:

(1)规模限定。"城市建筑群"明确了研究对象为具有较大空间尺度和数量规模的城市建筑群体,而非建筑单体或建筑组团。为了充分发挥本书所提方法及系统的各方面优势,推荐以"区域面积大于 1 平方公里或者建筑单体数量大于500栋"作为对"城市建筑群"概念的规模限定①。

（2）细节层次限定。"城市建筑群"明确了本书的研究目标是通过技术手段，经济、快速地获得能够反映城市整体空间形态和建筑整体风格的建筑群三维模型，而不拘泥于每个真实建筑的复杂细节。

（3）技术方法限定。"城市建筑群"要求本书所研究的目标识别、参数化建模等技术方法必须适用于大尺度城市建筑群体，而非仅仅适用于建筑单体或组团。这也是本书方法区别于现有传统方法的重要特征之一。

此外，"城市建筑群"有别于"建筑物"，后者是一个相对模糊的概念，语义上涵盖建筑单体、组团和群体，缺乏明确指向性，但从现有技术上看主要指建筑单体和组团。本书中提及这两个不同概念时，需加以区分。

1.3.2 建筑基础数据

本书将三维重建所需的建筑轮廓、高度、层数、样式、纹理等信息统称为"建筑基础数据"，其中建筑轮廓是矢量图形数据，高度、层数、样式是属性数据（或称元数据），纹理是栅格影像数据。本书中出现的"基础数据"、"建筑物基础数据"、"城市建筑群基础数据"，如无特别说明，均为上述相同概念。

1.3.3 三维重建

三维重建是指在数字虚拟环境下建立与真实对象相对应的、具有一定细节层次的三维模型。本书的三维重建过程包含两个阶段：①建筑基础数据获取；②三维模型构建。

很多情况下，我们在三维重建之前可能已经获得了建筑轮廓、高度、层数等数据，因此很容易将建筑基础数据的获取排除在三维重建体系之外。然而事实上，基础数据的获取往往需要耗费大量（甚至占最大比重）的人力、财力和时间成本。因此，要想寻求一种经济、高效的三维重建方法，必须将其纳入研究体系。

1.3.4 目标识别

本书的目标识别属于影像目标识别，是指利用影像处理、模式识别等计算机领域的理论和方法，将一个或一类目标从遥感影像中的其他目标中区分出来

---

① 该规模限定并非绝对。事实上，本书所提方法及系统对于各种规模的建筑群均适用，只是当规模较小时，其优势较传统三维重建方法而言不明显。此外，只要计算机硬件配置允许，本书中的方法及系统对城市建筑群规模没有上限限制。

并获取相关信息的过程。本书识别的目标为城市建筑群。

1.3.5 参数化技术

参数化技术是指一种参数(亦称变量)与几何形体保持关联,通过调整参数值可以控制几何形体特征的计算机辅助设计技术。参数化技术包含基于文法规则的方法、采用数学模型的方法和结合人工智能的方法三种类型,本书中的自动建模模块采用的是基于文法规则的方法。

1.3.6 遥感影像

遥感影像的类型与遥感技术有关。遥感技术,根据工作平台划分,有地面遥感、航空遥感、航天遥感;根据工作波段划分,有紫外遥感、可见光遥感、红外遥感、微波遥感、多波段遥感;根据传感器类型划分,有主动遥感、被动遥感。本书所采用的遥感影像主要是航空航天多波段遥感影像。

此外,城市建筑群目标识别需要较高的空间分辨率作保证,因此本书中用于三维重建的遥感影像主要为空间分辨率大于等于 1m 的高空间分辨率遥感影像。

1.4 研究体系的设计

1.4.1 研究内容

从当前城市建筑群三维模型需求急剧增长与现有建模方法严重滞后之间的现实矛盾出发,结合国内外的研究现状和发展趋势,深入剖析问题所在,尝试通过多学科交叉,对其顶层技术框架和底层技术方法进行突破和创新。由此构建了一套集目标识别、参数化建模和建筑物三维重建于一体的“三元交叉框架”,并针对遥感影像分割、矢量图形优化、三维信息提取及坐标修正、参数化建模等关键环节提出了多项创新方法。最后集成开发了城市建筑群三维重建系统,并以杭州市西湖区为例对以上框架、方法和系统进行了验证。重点研究内容如下。

1. 相关技术的研究现状与评述

基于全面性的考虑,本书在现状研究阶段以建筑物(语义上涵盖建筑单体、组团和群体)而非建筑群为研究对象,从建筑物三维重建、基于遥感影像的建筑物目标识别、建筑物参数化建模三个领域分别探讨各自的技术发展现状、发展趋势和存在的问题等内容。通过对上述三大领域技术脉络的梳理和优劣势的分析,指出城市建筑群三维重建的关键问题所在,并提出对应的研究思路。

2. 城市建筑群三维重建的"三元交叉框架"构建

采用"从解构到重构"的框架分析与构建思路:对建筑物目标识别技术体系、建筑物参数化建模技术体系和建筑物三维重建技术体系进行解构,剖析其内部结构关系、组成要素、功能分工和技术优劣势,指出现行"二元并行框架"形成的原因,深入分析体系间交叉的可行途径。在此基础上通过体系重构,创新性地构建城市建筑群三维重建的"三元交叉框架",包括建筑群三维重建整体框架和建筑群目标识别、建筑群参数化建模两个子框架,为基于目标识别和参数化技术的城市建筑群三维重建研究提供理论支撑和方法指导。

3. 面向城市建筑群的遥感影像分割

遥感影像分割是建筑群目标识别子框架的关键环节之一。针对现有遥感影像分割方法难以综合考虑光谱、形状、纹理等多种地物特征,缺乏多尺度特性,速度慢,精度低,难以适应城市建筑群的分割需求等问题,提出面向对象的多尺度区域合并分割方法和基于量化合并代价的快速区域合并分割方法,并分别通过多项实验,从效率和精度等两方面论证了方法的可行性。所提方法弥补了当前影像分割领域针对城市建筑群研究的不足,为后续建筑群目标的精确识别和参数化建模奠定基础。

4. 面向城市建筑群的矢量图形优化

矢量图形优化是建筑群目标识别子框架的另一关键环节。针对传统矢量优化方法效率低、缺乏多层次特性、所得优化结果普遍缺乏人工构筑物的规则几何特征、缺乏专门针对建筑物的矢量优化方法等问题,提出基于删除代价的矢量图形单层次优化、面向遥感影像矢量化图形的多层次优化和面向建筑群的矩形拟合优化方法,并通过数理分析、实验分析等多种方式对其效率和精度进行论证。所提方法有效提高了遥感影像矢量化图形边界的优化效率和精度,增强了建筑轮廓的规则几何特征,为后续建筑群目标的精确识别和信息提取以及参数化建模提供了有力保障。

5. 面向城市建筑群的三维信息提取及坐标修正

三维信息提取及坐标修正是建筑群目标识别子框架的又一关键环节。首先,本书深入分析了现有建筑物高度提取模型的优缺点,针对城市建筑群空间尺度大、建筑数量多的特性,选择简单且方便的统计模型作为本研究的基础模型,并从横向检测对象和纵向技术体系两方面进行拓展,提出了基于扩展统计模型的建筑群高度提取方法。其次,在获得了高度信息的基础上,根据不同的精度等级要求,总结归纳出三种类型的建筑群层数估算模型,为快速获取大批量建筑物的层数信息提供多种途径。另外,针对侧向航拍影像所产生的坐标误差,提出了相应的建筑群坐标修正方法,保证了建筑基元的坐标准确性,为后续的参数化建模奠定了基础。

6. 面向城市建筑群的参数化建模

针对建筑群参数化建模子框架,本书突破传统参数化平台的固有模式,创新性地提出了"参—建分离"的系统架构,并针对该架构下的三大模块:参数管理模块、服务网站模块和自动建模模块,分别提出了各自详细的设计方法和技术方案,包括参数与图元的关联、属性块的恢复、参数与属性块的组织与管理、风格库和项目库的设计、文件格式转换、CGA 文法规则库的构建和自动化建模脚本设计等多项内容。该架构和系列技术方法将大幅降低参数化平台的技术门槛和边际成本,提高建模效率,为参数化技术与建筑规划等领域的结合,并走向"大众化"提供新的发展思路。

7. 城市建筑群三维重建系统的集成与实证研究

本研究集成上述关键技术方法,首先开发了城市建筑群三维重建软件原型系统 3DRS(含 CBRS、CityUp 两个子系统),并从系统目标、结构、功能、界面等方面对其作了介绍。其次以杭州市西湖区为案例,开展了城市建筑群三维重建的实证研究,从精度、效率、成本、技术门槛、时效性等方面进行指标验证和分析,验证了本研究所提方法及整套解决方案的可行性。

1.4.2 研究方法

本研究属于科学技术创新型的定量研究,具体运用的研究方法如下:

(1)文献收集与实验论证相结合。充分运用传统纸质资料和互联网电子资源,收集国内外相关文献资料,了解国内外的最新研究成果和研究动态。同时,选择若干具有代表性的研究成果,用计算机编程方式实现其经典方法,并以此开展大量实验论证研究,通过翔实的实验数据把握传统方法的特性。

(2)理论学习与方法实践相结合。在研究初期,充分学习了目标识别、参数化建模、三维重建等计算机领域的理论知识,掌握各类算法的原理及特点。同时在计算机软件开发平台下,对这些理论和方法进行计算机编程实现,通过对比实验检验传统方法的优劣势,在此基础上提出改进和创新。

(3)数学推理与统计分析相结合。本书一方面运用数学推理的方法论证所提新方法的有效性以及逻辑的严密性,另一方面对详细的实验数据进行统计分析,从处理精度、处理效率和局限性等多方面把握新方法的特征。

(4)数学模型与算法实现相结合。在充分掌握影像分割、矢量图形优化和三维信息提取及坐标修正等方面的现有方法优劣势和问题根源的基础上,提出了多种改进方法,建立了相应的数学模型。同时,通过计算机编程,将这些抽象的数学模型转化成可以实际执行并能完成特定功能的具体算法,为分析该模型和新方法的精确性和高效性提供条件。

(5)多学科知识综合运用。本书综合运用了计算机视觉、计算机图形学、软件工程、建筑设计、城市规划等多个学科领域的理论知识和技术方法。

1.4.3　技术平台

对于具体技术,本书主要包含两个方面:一是城市建筑群的目标识别;二是城市建筑群的参数化建模。这两个方面分别运用了不同的技术平台:

(1)前者以 Microsoft 的 Visual Studio. net 2008 为主要的软件开发平台,采用 VC++为主要编程语言。基于此,笔者在研究团队共同开发的 SINCE 系统基础上,增加了独立开发的新功能模块(参见附录 2),形成了城市建筑群目标识别子系统 CBRS。书中涉及遥感影像分割、矢量图形优化和三维信息提取及坐标修正的算法实现及实验均在 CBRS 系统上进行。

(2)后者包含参数管理、服务网站和自动建模三个模块。①参数管理模块,以内嵌于 AutoCAD 的 Visual Lisp 编辑器为主要开发平台,以 Visual Lisp 为主要编程语言,模块的交互界面采用面向对象的开源软件 OpenDCL 进行设计;②服务网站模块,使用 MySQL 进行数据库开发、PHP 进行网站编程,运用 html、css、javascript 进行界面设计;③自动建模模块,使用 CityEngine Pro 2011 作为二次开发的基础平台,使用 Python 语言实现项目目录整理、外部程序调用等预处理工作,并运用 Visual Studio. net 2008 开发了相应的 DXF-SHP 文件格式自动转换程序。

1.4.4 研究框架

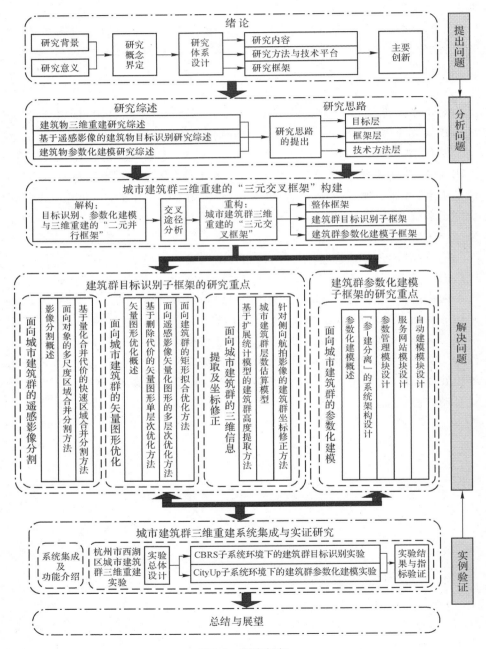

图 1-1 研究框架

1.5 主要创新点

（1）以大尺度城市建筑群而非建筑单体或组团为研究对象，综合运用目标识别、参数化建模、建筑物三维重建三大领域的理论知识和技术方法，来解决城市建筑群三维重建问题。通过对三大技术体系的深度解构和重构，创造性地提出了一套针对城市建筑群三维重建的"三元交叉框架"（包括建筑群三维重建整体框架和建筑群目标识别、建筑群参数化建模两个子框架）。该框架突破了多学科技术体系的界线，实现了不同领域技术手段的有效衔接和深度融合，可以有效解决当前城市建筑群三维重建研究面临的诸多现实问题，为相关研究提供了理论支撑和方法指导。

（2）对建筑群目标识别子框架中的遥感影像分割进行了深入研究。针对传统遥感影像分割方法难以综合考虑光谱、形状、纹理等多种地物特征、缺乏多尺度特性、速度慢、精度低等问题，提出了面向对象的多尺度区域合并分割方法和基于量化合并代价的快速区域合并分割方法。所提方法弥补了当前影像分割领域针对城市建筑群研究的不足，提高了影像分割的精度和效率，为后续建筑群目标的精确识别和参数化建模奠定基础。

（3）对建筑群目标识别子框架中的矢量图形优化作了深入研究。针对传统矢量优化方法效率低、缺乏多层次特性、优化结果普遍缺乏人工构筑物的规则几何特征、缺乏专门针对建筑物的矢量优化方法等问题，提出了基于删除代价的矢量图形单层次优化方法、面向遥感影像矢量化图形的多层次优化方法和面向建筑群的矩形拟合优化方法。第一种方法可以显著提高优化效率；第二种方法能够对不同规则度的地物进行差异化处理，更好地还原地物的多层次特性；第三种方法可以提升建筑轮廓的规则几何特性，为后续建筑群目标的精确识别和信息提取以及参数化建模提供有力保障。

（4）对建筑群目标识别子框架中的三维信息提取与坐标修正作了深入研究。首先，首次从横向检测对象和纵向技术体系两方面对统计模型进行拓展，提出了基于扩展统计模型的建筑群高度提取方法。其次，根据不同的精度等级要求，创新性地提出了三种类型的建筑群层数估算模型。另外，还针对侧向航拍影像提出了相应的建筑群坐标修正方法，保证了建筑基元的坐标准确性，为后续的参数化建模奠定基础。

（5）在构建参数化建模子框架的过程中，突破固有模式，首次提出了"参—建分离"的体系框架，使用户和参数化自动建模平台各司其职。此外，针对该体

13

系框架包含的参数管理模块、服务网站模块和参数化建模模块,分别提出了一系列详尽的、具有创新性的解决策略和设计方法。所提架构及系列方法大大降低了参数化平台的技术门槛和建模成本,提高了建模效率,为参数化技术的快速、广泛普及提供了新的发展思路。

1.6　本章小结

自 20 世纪 90 年代末以来,数字城市发展迅速,已经成为我国政府科学决策的重要工具、社会综合管理的基础平台、城市信息化的重要标志和城市现代化的展示窗口。作为数字城市重要基础设施的城市三维空间模型,其需求也随着数字城市的快速发展而日益增长。此外,随着计算机图形学、虚拟现实技术和网络通信技术的发展和成熟,城市三维空间模型的应用领域日益扩展,在国家层面(如国土、海洋、军事等)、地方政府层面(如城市规划与管理、应急救灾、环境保护等)、社会公众层面(如建筑景观设计、地产和商业选址、交通导航等)都得到了广泛应用。应用领域的迅速扩展,也极大地促进了城市三维空间模型需求的增长。城市三维空间模型包含地形、道路网、建筑群、植被、水体等多种要素,本书选择最具人工构筑物特征、最能反映城市整体空间形态的建筑群作为研究对象。然而通过对现有建筑物三维重建方法的分析发现,各种方法虽各具优势,但当面对大空间尺度、大数据量、更新节奏快的城市建筑群时,在效率、精度、成本、尺度、技术门槛等方面均不同程度存在缺陷。三维重建方法的不足造成了当前模型制作成本高、门槛高、效率低、时效性差,严重阻碍了数字城市的发展和相关研究应用的开展。寻求一种适用于大尺度城市建筑群的低成本、低门槛、高效率的"大众化"三维重建解决方案,便成为数字城市及其相关领域的一个迫切需求。

与此同时,随着地观测技术的发展,遥感数据(特别是高分辨率遥感数据)的空间分辨率和光谱分辨率显著提高,能反映精细的地物空间结构和分布信息,同时时间分辨率也逐步提高,数据获取更加快捷、及时,而且价格日趋低廉,相较于其他技术手段而言具有非常显著的优势。这些进步促使遥感数据日益成为城市地理空间信息的重要获取源,同时也使得利用目标识别技术、从遥感影像中提取建筑基础数据成为可能。此外,参数化技术在建筑规划领域的研究和应用日趋广泛和成熟,近年来涌现了一大批从事参数化建筑、规划设计的研究团队和参数化辅助设计软件平台。同时随着技术的不断成熟,国内外出现了大量基于参数化技术的优秀工程案例。参数化技术正从理论、方法、技术等各个方面为建筑、城市规划领域带来了革命性突破,已经成为这些领域的一大研究热点和重要发展方向。而其中运用参数化技术,构建建筑、规划等领域所需的大尺度城市建筑群三维模型已成为可能。

　　本章主要从以上研究背景出发,提出基于目标识别和参数化技术的城市建筑群三维重建研究,探讨了本研究的理论意义和应用价值。由此,对选题的研究内容、研究方法和技术平台等展开阐述,并构建了本书的研究框架,最后提出本书的主要创新之处。

第2章 研究综述及研究思路的提出

2.1 建筑物三维重建研究综述

2.1.1 研究与应用现状

三维重建是计算机视觉、计算机图形学、虚拟现实等领域一个非常重要的研究主题(夏春林等,2011),而建筑物重建是三维重建中的一个重要方面。随着人类对地理空间信息的探索更加深入、应用更加广泛,建筑单体或组团的三维模型已经无法满足人们对全局空间信息的需求,建筑群三维模型已逐渐成为城市规划与管理、建筑设计、应急救灾、公共安全、环境保护、地产和商业选址、交通导航等诸多领域的重要基础设施。因此,下面将重点围绕建筑群三维重建的研究与应用现状展开论述。

1.研究现状

目前国内外许多高校、公司等研究机构在建筑群三维重建方面开展了大量研究。例如,加拿大 Toronto 大学景观研究中心致力于景观模型的研究,开发了 CLRview 软件,构造出了相当逼真的城区建筑物景观模型。日本东京大学的 Shibasaki 等(1998)研制了一种基于影像的车载 3DGIS 界面系统,具有即时获取建筑立面影像、确定用户所在位置、回答用户查询等功能。瑞士苏黎世联邦工业大学的 Gruen 和 Xinhua(1998)开发了一种称为 TOBAGO 的 3DCM 系统,并且为了解决三维建模问题,专门开发了一个称为 CyberCity Modeler 的系统,可以允许用户进行交互式的三维对象建模。Vosselman 和 Dijkman(2001)借助建筑物的规划设计图,通过扩展到 3D 空间的 Hough 变换从激光扫描数据中提取屋顶表面的高程和方向信息来建立建筑物的三维模型。Ildiko Suveg 等(2002)提出了基于知识系统的由航拍影像序列完成的自动 3D 重建系统,该系统需要提供二维 GIS 地图以及重建区域的图像序列,首先根据已有信息生成假设模型,然后对模型进行再次投影和比较分析,最后验证模型。Rottensteiner

和 Briese（2003）在 LIDAR（Light Detection and Ranging）规格化的 DSM（Digital Surface Model）中基于曲率分割技术，利用区域增长的方法提取屋顶表面，建立多面体模型。Hofmann（2004）基于 LIDAR 不规则的点云，构成 Delaunay 三角网并提取屋顶平面，进而实现建筑物的重建。Briese（2006）以地基激光扫描数据为研究对象，研究了提取建筑物的结构线来重建建筑物。Lafarge 等（2008）首先从 DEM 数据中提取出近似的建筑物轮廓，这些轮廓是由多个矩形拼接拟合的，然后对相邻的矩形进行连接、优化，得到完整、复杂的建筑轮廓，最后提取高程信息完成三维城市建模。该方法对复杂建筑的重建获得了较好的效果。Yanyan 等（2011）从城市尺度出发提出了一种可以稳健、高效地创建无缝城市建筑物模型的技术框架。Sahin 等（2012）结合摄影测量技术和激光扫描数据来建立三维城市模型（3D City Model），获得了较好的效果。

在国内，也有不少学者开展了相关研究，如邵振峰（2004）提出了一种基于航空立体影像对的人工地物三维提取和重建方法，并研究开发了一体化立体影像平台。利用该平台，可以实现部分较复杂房屋的三维重建。尤红建（2006）对三维成像仪获取的激光点进行二次内插加密生成 DSM 影像数据，以图像处理的方法通过影像分割、边缘提取和边缘规格化等步骤提取边缘轮廓线等线形特征，进而实现大范围建筑物的重建。王继周等（2007）提出了建立城市景观三维模型库的思路，实现了城市三维景观的快速重建。朱国敏等（2007）基于城市三维地理信息系统中景观模型表达的原则与分类，针对抽象的点、线、面状对象提出了符号匹配和三角剖分的批量三维模型构建方法，并开发了一套三维模型快速构建工具。黄磊（2008）提出了一种基于图像序列的场景重建方法，通过拍摄一组照片序列或视频，从中提取对象模型，实现三维重建。该方法具有建模时间短、绘制速度快、模型效果逼真等优势。曾齐红（2009）提出了一种基于激光雷达点云的建筑物提取和三维重建方法，该方法首先从激光雷达点云中过滤出建筑物点云，然后通过聚类屋顶平面点，拟合屋顶平面，确定屋顶外边界和各平面的边界，从而获得屋顶各角点的三维坐标来重构建筑物的三维模型。该方法不但能重建简单规则的建筑物，也能重建屋顶平面比较复杂、结构不规则的建筑物。翁姝（2011）提出了一种基于雷达数据和航拍图像的区域建筑物三维重建技术，首先基于雷达数据创建高程灰度图，然后从中提取出建筑边缘，同时从雷达数据中提取建筑高度数据，从航片影像中提取纹理，最后生成三维模型。王俊等（2012）提出了一种基于图像匹配实现点云融合的建筑物立面三维重建算法，有效减少了重建时间，提高了重建精度。

2.应用现状

在应用方面，国际上已涌现出了一批相对成熟的商业化软件系统，其产品在诸多领域得到了广泛应用。如日本的 CAD Center 公司开发了一套三维城市建模与绘制系统(Takse Y 等,2003),其建模部分是根据激光点云数据、二维矢量地图和航拍影像来生成建筑三维模型。该系统需要大量的人工交互和纹理采集工作来构造建筑的 MapCube 模型,其场景浏览器 UrbanViewer 采用视点依赖的流媒体模式传输技术,实现了三维城市场景的实时绘制。利用该系统,目前大部分日本城市都能在网上浏览,并可用于城市规划设计和重建项目的效果展示。Google 公司在 2005 年推出了一款谷歌地球 Google Earth 软件,它将卫星照片、航空照相、矢量地图、GIS、影音视频等多媒体数据统一布置在一个三维地球模型上,针对某些重点城市,Google Earth 还建立了逼真的城市建筑群三维模型。这些建筑模型来自三方面:一是世界各地的热心网友和爱好者通过商业化软件(如 Sketchup)手动制作;二是与大型三维模型服务商(如 CyberCity 3D 公司)合作,由他们提供专业的成熟产品;三是借助机载、车载仪器进行自动或半自动建模。目前 Google Earth 上仅有少数国际性大都市建立了较完整的城市建筑群模型。微软公司在 2006 年发布了一项名为 Virtual Earth 3D 的个性化地图服务系统,通过该系统,用户可以在逼真的虚拟城市三维建筑群中实时漫游,完成交通路况查询、路线查询、所在地查询等功能。在建筑建模方面,除采用与 Google Earth 相似的手段外,还运用了机载侧向航拍技术来快速获得建筑顶面和四立面的纹理数据。此外,还有 Skyline、World Wind 等类似的虚拟地球系统,在国土、公安、规划、灾害和交通等方面得到了广泛的应用。

我国在大尺度城市建筑群建模方面的应用研究虽然起步较晚,但近年来发展迅速。"我秀中国"、"城市吧"和"SOSO 街景地图"是一种网上实景地图系统,提供了微观街景的漫游体验,结合坐标和二维电子地图,能够方便快速地查看行驶路线、旅游景点等,所采用的技术是通过采集车沿街道相隔一定距离拍摄要建模的城市,后期处理时对每个点自动拼接该位置的全景图,重建整个城市的街景图。但这种系统没有任何几何三维模型,不能有效地剔除遮挡(如建筑前的行人、绿化、车辆等),而且由于采用间隔采样导致漫游不连续,用户体验感不佳。"E 都市"、"城市来了"和"都市圈"是一种网上可视化的 GIS 系统,通过对现实场景的简化抽象,构建出虚拟的仿真城市,并无缝集成城市电子地图、生活资讯、电子政务、虚拟社区等服务内容。此类系统的缺点在于:①建筑模型外观的真实感较差;②网上漫游时只提供一个固定视角下的若干级 LOD 绘制渲染图,无法变换视角;③其三维建模、绘制方法以及实现效果还存在相当不足。此外,国家测绘局于 2010 年开通了中国公众版国家地理信息公共服务平台"天地图"网站。该网站装载了覆盖全球的地理信息数据,这些数据以矢量、影像、三维三种形式进行全方位、多角度展现,可漫游、缩放。但是,该网站仍处于发展初期,数据主要以二维的矢量和栅格数据为主,三维形态的城市建筑模型数据并不多。2011 年武汉大学测绘遥感信息工程实验室自主研发了开放式的虚拟地球集成共享平台 GeoGlobe(龚健雅,2011),在多源多时相海量空间数据分布式管理、异构地理信息互操作等方面有重要创新,处于国际领先水平。但是,该平台同样以二维数据为主,缺乏对建筑三维模型数据的集成与管理。

2.1.2　技术方法分类

建筑物三维重建是国内外的一个研究热点,目前已发展出了多种方法。根据采用的技术不同,可以将它们大致分为以下七种类型:

(1)基于测绘地形数据的方法。该类方法是在现有测绘二维矢量地形数据的基础上,借助常规三维建模软件添加高度、纹理信息来建立建筑物模型。如左建章等(2005)实现的城市三维可视化及大范围城市景观动态漫游的解决方案及系统,该系统对于城市建筑物的建模主要就是依赖于实地测绘数据。目前建筑、规划领域常用的三维建模软件有 3ds Max、Sketchup、Maya、AutoCAD等,而在工业领域使用较多的三维建模软件有 CATIA、SolidWorks、UniGraphics、Pro/Engineer 等。

此类方法是目前最普遍使用的一种方式,其优势在于省去了获取高精度建筑二维平面轮廓数据的成本,可以通过人工交互方式获得高精度的复杂模型,其不足在于测绘数据制作成本高、周期长、时效性差,且普通民众通常难以获得此类高精度测绘数据,建模的人工交互量过大,难以胜任大尺度的城市建筑群体。

(2)基于 DEM 数据的方法。该类方法利用城市地表 DEM 数据中建筑物屋顶面与地面普遍存在高程突变的特征,利用相关算法直接提取建筑物轮廓和高度信息。胡春等(2004)基于此方法,针对传统多边形建立方式会带来建筑物墙面倾斜、建筑物与地形混淆的问题,利用建筑物顶点与地形顶点之间具有较大高度差的特点,并结合建筑物的几何特征,提出了一种在 DEM 数据中提取建筑物的算法,得到了较好的仿真效果。Tournaire 等(2010)基于高分辨率(≤1m)的 DEM 影像,首先利用多个矩形拟合各个建筑局部,然后通过一种能量函数对矩形布局进行不断合并、调整、优化,从而提取出精度较高的建筑轮廓。

此类方法的优点在于能够从 DEM 数据中同时获取建筑平面轮廓、高程、屋顶形态等信息,可模拟复杂结构的建筑物,其缺点在于高精度 DEM 数据成本高、普通民众通常难以获得,建模精度受地形、地物的复杂度影响较大,DEM 数据处理、建筑提取的过程中人工交互量较大。

（3）基于影像识别技术的方法。该类方法通过特定算法，从单幅或若干幅影像中提取出建筑基础数据或直接生成三维模型。这里的影像可大致分为地面拍摄影像和航空航天拍摄影像两类。对于前者，Van den Heuvel（2001）通过对建筑影像中水平、垂直边线以及灭点的检测，实现了单景影像的建筑重建；薛强等（2004）应用计算机视觉的方法，提出了一种针对建筑物的、基于图像造型的方法，这种方法首先对建筑物进行射影重建，然后利用建筑物的表面特征完成欧氏重建，并对结果进行了优化；张卡等（2007）提出了利用数字摄影立体像对进行三维表面建模的新方法，实现了基于数字近景立体摄影的复杂形态建模。对于后者，李锦业等（2007）首先对 QuickBird 卫星影像进行多尺度分割，采用标准最邻近距离法提取建筑和阴影，然后利用建筑与阴影之间的关系来反演估算建筑物高度，并且利用高度、首层面积、平均层高、街区面积等计算出了城市建筑密度和容积率指标；徐丰等（2008）利用米级分辨率 SAR 图像自动检测和提取条状建筑物目标像，并建立多方位目标像的参数相关模型，设计了一种有效的多方位自动重建算法；谭衢霖等（2011）针对融合了高程信息的 IKONOS 影像，通过区域增长分割、对象分类、建筑物对象规则化处理等步骤，获取了较好的模型效果；王伟等（2011）探讨了利用倾斜摄影技术构建城市三维建筑模型的方法。

此类方法的优点在于通过计算机算法可以方便、廉价地从影像中获得建筑轮廓或三维模型，其缺点在于目前的方法多是针对某一具体目标而单独设计的，缺乏统一的框架指导，建模精度和效率均有待提高，尚缺乏专门针对城市建筑群识别技术的研究。

（4）基于三维激光扫描技术的方法。该类方法利用三维激光扫描仪器快速获取大批量高精度三维空间点云数据，经过去噪、补洞、配准、表面重建、纹理映射等步骤最终得到建筑三维模型。张昊（2007）首先对机载激光点云数据进行插值获取数字表面模型（DSM），并针对 DSM 提出了一套自动提取建筑物的方法，达到了较好的效果。吴静（2007）、王健等（2008）利用三维激光扫描技术对城市三维数字景观进行了应用实践。陶金花等（2009）通过高程滤波和双边滤波从正规化数字表面模型（nDSM）中得到建筑物区域，并在建筑物几何形状约定下，将建筑物分"层"处理，通过边缘探测与规格化算法得到每"层"建筑物的边缘，从而获得在竖向上更加精细的建筑三维模型。丁宁等（2010）对三维激光扫描技术在古建保护中的应用进行了分析。任自珍等（2010）提出了一种称为Fc-S 法的建筑物提取方法，该方法首先利用等高线特征进行滤波，从 LIDAR 数据内插的数字表面模型（DSM）中提取出 DEM，利用 DSM 与 DEM 的高差阈值和 DSM 边缘特征参数去掉地面点和汽车等矮小物体，然后对地物点群进行分割,利用二次梯度和面积等参数去掉植被点,并采用迭代逼近的方法精化建筑物。

此类方法的优点在于点云数据精度高,对建筑细节的表现非常到位,尤其适合古建保护、数字遗产等领域;其缺点在于需要专业的仪器设备支持,点云数据处理过程复杂,人工交互量较大,获取大范围区域点云数据的成本较高,制作周期较长,难以推广应用。

(5)基于建筑矢量图纸智能识别技术的方法。该类方法利用计算机自动计算和提取工程矢量图纸中的建筑工程信息和数据,实现建筑模型的自动或半自动构建。Dosch 等(2000)实现了基于网格约束的建筑图符号识别及三维模型重建。Ah-Soon 等(2001)对基于网络约束的建筑图符号识别和建筑图的三维模型重建技术等进行了研究。张树有(2000)、陆再林(2001)等在自适应的工程量提取方法、尺寸线识别等方面开展了相关研究。李伟青(2005)提出一套针对建筑主体构件的智能识别方法。Horna S 等(2007)提出了一种基于建筑矢量图纸的半自动 3D 建模算法。Lu Tong 等(2007;Lu T 等,2009)提出了一种基于轴网、结构语义驱动的层次式自生长识别模型,并进一步拓展到知识模型。赵锦艳等(2007;2009)提出了一种基于抽象语义识别的交互式三维建筑物重建系统,该系统基于建筑图纸中的抽象语义信息,通过对建筑图纸中独立的块、平行线对与闭合曲线进行自动识别,结合用户交互与参数化模型库,能够快速地从二维矢量建筑图纸中重建得到逼真的三维建筑物模型。

此类方法的优点在于可以充分利用现有工程矢量图纸信息和资源,实现二维向三维的自动转换;其缺点在于对原始数据格式、精度一般具有严格要求,多用于小规模的工程图纸重建,利用该类方法进行大尺度城市建筑群三维重建并不现实。

(6)基于 CSG 建模技术的方法。CSG(Constructive Solid Geometry)(Ghali 等,2008)是一种用体素拼合构成物体的方法,通常在计算机内存储一些基本体素(如长方体、圆柱体、球体、锥体、圆环体以及扫描体等),然后通过布尔运算生成复杂形体。其建模过程包括形体分解和 CSG 体素组建两个过程,前者用于分析得出建筑物三维模型的 CSG 体素,后者利用 CSG 体素进行空间变换和布尔运算构建建筑物的三维模型。常歌等(2000)在 Debevec 算法的基础上,给出了一种基于地面摄影影像的建筑物 CSG 构件分析模型提取方案,该方法可直接对房屋采取半自动量测,从而兼顾人工智能和计算机效率,提高了模型提取的可靠性和实用性。吴慧欣(2007)、王永会(2012)等提出了基于 CSG 的建筑模型生成算法。

此类方法的优点在于建模速度快,模型结构简单,数据量小,对大尺度建筑群建模比较有利,其缺点在于对于复杂建筑形体的分解目前仍具有较大难度。

(7)过程式建筑建模方法。该方法的基本思想是采用参数化方法表达建模对象,通过算法自动控制几何造型,如分形算法采用迭代、自相似或随机的过程构建虚拟物体(王丽英,2009)。过程式建模方法主要有三类:基于文法的方法(Parish Y I H 等,2001;Legakis J 等,2001;Wonka P 等,2003;刘华等,2004;Müller P 等,2006;Wonka P 等,2006;Watson B 等,2007)、采用数学模型的方法(Sun J 等,2002,2004;Glass K R 等,2006;Chen G 等,2008)和结合人工智能的方法(Ghassan K 等,1998;Coyne B 等,2001;陈勇等,2003;张颖等,2003;Lechner T 等,2003,2004;雷友开等,2006;Lechner T 等,2006)。目前该技术正逐渐向多方法融合方向发展,并加入交互控制以增强实用性。

此类方法的优点是可以超越手工劳动极限,构造出大尺度、可扩展的、更复杂的模型(Finkelstein A,2003;Rotenberg S,2004),建模速度快、参数可控、调整方法,尤其适合大尺度建筑群体的三维建模。但目前该方法技术门槛较高、操作复杂,推广应用具有较大难度。

总结上述七种方法的优劣势,可以得到如表 2-1 所示的结果。

表 2-1　建筑物三维重建常见方法优劣势总结

编　号	方　　法	优　　势	劣　　势
1	基于测绘地形数据的方法	省去基础数据成本 模型精度高	基础数据难获得 数据成本高 周期长、时效性差 人工交互量大
2	基于 DEM 数据的方法	可获得丰富信息 可模拟复杂建筑	DEM 数据成本高、难获得 受地形、地物影响大 人工交互量大
3	基于影像识别技术的方法	方便、廉价	缺乏统一的框架指导 精度、效率有待提高 缺乏对建筑群的研究
4	基于三维激光扫描技术的方法	点云数据精度高 建筑细节表现到位	需要专业仪器设备 点云处理复杂 人工交互量大 成本高、周期长
5	基于建筑矢量图纸智能识别技术的方法	可充分利用现有资源	格式、精度要求严格 仅适用于小规模

编　号	方　　法	优　　势	劣　　势
6	基于 CSG 建模技术的方法	建模速度快 模型结构简单 数据量小	分解复杂形体难度大
7	过程式建筑建模方法	建模速度快 参数可控 调整方便	技术门槛高 操作复杂 推广难度大

2.1.3　研究现状评述

建筑物三维重建包含了单体、组团、群体三种尺度,本书重点围绕大尺度城市建筑群体展开研究。由于城市往往覆盖几、几十甚至上百平方公里,所以城市建筑群三维模型必然由海量数据构成,而且建筑种类繁多、几何结构和外观千差万别,复杂度极高,这对于本研究而言是一个巨大挑战。

任何建筑三维重建均离不开建筑基础数据,是否拥有便捷、廉价的数据源是评价一项重建技术好坏的重要指标。从表 2-1 可以看到,第一种方法依托测绘地形数据,但该数据成本高、周期长、时效性差,且难以获取;第二种方法从 DEM 中提取基础数据,然而高精度的 DEM 数据成本高、难以获得;第四种方法从激光点云数据中提取基础数据,但是大范围、高精度的激光点云数据同样需要很高的成本,而且制作周期长、时效性不佳;第五种方法依托现有的建筑工程图纸资源,虽然这种数据源相对廉价,但该方法并不适合大尺度的城市建筑群三维重建;第六、七两种方法则需要直接输入建筑基础数据,而数据源同样是一个难题。第三种方法虽方便廉价,但缺乏对建筑群的研究和统一的框架指导,精度、效率有待提高。由此可见,现有的大多数建筑物三维重建方法均缺乏便捷、廉价的数据源。如何能够即时、高效、廉价地获得建筑基础数据,已经成为推动数字城市三维空间数据基础设施建设的关键环节。

建筑物的造型难度随着空间规模的增大而增加,其原因在于:①建筑元素的数量随着空间尺度的增大而呈线性增长。②建筑元素的几何形态各异,复杂度高。如果元素的细节也采用多边形来表示,则整个城市可能包含几百万、几千万甚至上亿的面片;③建筑元素每个表面具有不同的纹理,几万甚至几十万个元素的纹理通过人工方式采集和贴图显然不太现实。因此,对于大尺度城市建筑群的三维重建而言,建模效率、操作难易程度是决定方法是否适用的重要因素。由表 2-1 可见,第一、二、四种方法均存在人工交互量大、效率低的问题;第五种方法仅适用于小规模;第六种方法分解形体的难度较大;而第七种方法虽然建模效率较高,但目前的技术门槛高、操作复杂,有待改进。由此可见,目前仍缺乏一种高效的建模技术方法,这是制约大尺度城市建筑群三维重建技术发展的一个重要因素。

综上所述,当前大尺度城市建筑群三维重建研究重点需要解决以下两大技术难题:①如何即时、高效、廉价地获得建筑群基础数据;②如何快速、简便、逼真地构建建筑群三维模型。

2.2　基于遥感影像的建筑物目标识别研究综述

2.2.1　建筑物目标识别概述

有资料显示,人类接收到的外界信息中约有 60% 以上来自视觉,而听觉、味觉、触觉、嗅觉总共不足 40%。随着计算机技术的不断发展,如何使计算机具有与人类相似的视觉感知和学习功能成为目前计算机领域的一个研究热点(曹健,2012),这其中就包括影像目标识别技术。

影像目标识别,又称关于视觉影像的模式识别,旨在利用影像处理与模式识别等领域的理论和方法,确定影像中感兴趣的目标是否存在,如果存在则为目标赋予合理的解释并确定其位置(袁晓辉等,2003)。目前,影像目标识别技术已广泛应用于军事侦察、安全监控、产品检验、人机交互和医学等领域。而近年来,随着影像空间分辨率不断提高、获取途径愈加便捷、成本更加低廉,遥感影像已经成为人类获取、分析、理解和利用城市信息的新途径。国内外有很多专门项目和机构从事基于遥感影像的人工地物自动识别(提取)方面的研究,如美国的 Radius 项目和 Mckeown 实验室、南加州大学 Nevitia 领导的研究组、DARPA 的 AP-GD 项目、瑞士的 Amobe 项目和 ETH、德国的波恩大学、奥地利的格拉兹技术大学、法国的国家地理学院(IGN)、中国的武汉大学等(唐亮,2004)。总体来看,国内外在这方面的研究已有 20 多年的历史,取得了丰硕的研究成果。

基于遥感影像的城市地物目标识别一般针对建筑物、桥梁、道路和大型工程构筑物(如机场)等。而在城市区域的高分辨率遥感影像中,建筑物是数量最多、信息量最大的人工构筑物之一(唐亮,2004),因而目前关于建筑物目标识别的研究相对较多,识别内容主要包括以下四种类型:①建筑物的定位和检测,即从影像场景中检测出建筑物的存在并确定其位置,最后将其分离出来;②建筑物的表征与描述,即采用某种表达方式来表示所检测出的建筑物,常用的方式有几何形状模型、高程模型等;③建筑物变化检测,即根据同一地区不同时相的影像检测建筑物变化情况,包括建筑物的改建、扩建、毁坏;④建筑物三维重构,即从二维的影像中获取建筑物的三维空间信息,并按照空间几何关系构造出虚拟的建筑模型。本研究中的建筑物目标识别即属于第四种类型。

2.2.2　国内外研究现状

近几十年来,国内外大量学者从事基于遥感影像的建筑物目标识别方面研究,在该领域发表的论文和研究报告较多。下面通过一些国内外较具代表性的技术来阐述其研究现状。

1. 国外研究现状

在国际上,Nagao 和 Matsuyama 等(1980)研制的航空影像理解系统,以区域分析的方法识别包括建筑物在内的人工地物。Tavakoli 和 Rosenfeld(1982)提出以灰度和几何信息来组合线段,并根据相容性条件来构成块,最后综合块与所提取阴影的关系来确定该块是否为建筑物,这是一种自下而上的方法。Irvin 和 Mckeown(1989)提出了利用信息融合进行人工地物识别的方法。Grun 和 Dan(1997)建立了一个实用有效的建筑物半自动重建系统。系统分两步进行:第一步是从遥感影像中测量出建筑物屋顶的各个顶点,以形成一个角点群;第二步是系统自动把这些角点拟合成建筑物模型,建筑物的结构信息也就包括在建筑物模型中。Noronha 和 Nevatia(2001)对影像中直线段检测的结果进行群聚,以形成二维平面屋顶的假设,然后通过墙壁和阴影的计算来选择和验证假设的正确性。该方法可以仅依据一幅图像来实施,也可将多幅图像的结果综合起来得到更具鲁棒性的结果。Maas(1999)和 Gerke(2001)等人提出了使用高度数据结合几何矩分析法来进行建筑物重建:首先把 DSM 数据作为先验知识,利用高度数据来确定建筑物的存在,使用一次全局门限分割和一次局部门限分割提取出建筑物大致区域,然后利用几何不变矩提取表示建筑物轮廓的矩形结构。Gerke 较 Maas 做出的改进之处在于他将建筑物基本形状分解为多个矩形,从而可以提取出具有复杂形状的建筑物目标。Inglada 和 Giros(2004)将图像中的物体分为 10 大类,每类对象(独立建筑物、桥梁、十字交叉路口、几种不同类型的道路、自然背景)的样例先从影像中人工识别获取,然后提取各类对象的几何特征进行监督学习,从而产生一个自动的分类系统。Mayunga 等(2007)利用蛇算法和径向投射方法,提出了一种半自动的建筑物提取方法,并将其应用于棚户区制图。Rottensteiner 等(2007)提出了一种融合机载激光扫描数据和多波段数据的建筑物检测方法,研究发现将多光谱数据加入到分类模型中将显著提高居住建筑的提取精度,可提高 20%。Sohn 和

Dowman（2007）以 IKONOS 全色波段和机载激光扫描数据为实验数据，首先通过激光点的高程和 NDVI 指数将建筑物上的像元提取出来，进而获取建筑物轮廓上的直线段，利用二叉空间分割树获取建筑物区域（基元），并通过合并凸多边形提取建筑物，识别的正确率是 90.1%，总体精度为 80.5%。Karantzalos 等（2009）将统计学习理论引入建筑目标提取过程，取得了不错的效果。Porway 等（2010）提出一种基于场景上下文的航空影像层次理解模型，该模型能够通过形态、布局方面的定量化统计分析，得到各地物（包括建筑、道路、汽车、树木等）的层次关系，从而有效提取出包括建筑在内的各类目标。Abraham 等（2012）首先采用基于小波变换的分水岭分割方法分割影像，随后利用一系列形态学操作和区域分析，得到潜在的建筑区域，最后利用一个神经网络系统提取出其中小而明亮的建筑。该方法在提取复杂环境下的建筑物方面具有较好的优势。此外，德国 Definiens Imaging 公司开发的 eCognition 是目前行业公认识别效果较好的软件，是目前所有商用遥感软件中第一个基于目标信息的遥感信息提取软件。它采用决策专家系统支持的模糊分类算法，突破了传统商业遥感软件单纯基于光谱信息进行影像分类的局限性，提出了革命性的分类技术——面向对象的分类方法，大大提高了高空间分辨率数据的自动识别精度，有效地满足了科研和工程应用的需求。eCognition 提供了多数据融合、多尺度分割、基于样本的监督分类、基于知识的模糊分类、基于样本的监督分类、人工和自动分类、面向对象的特征描述和面向对象的遥感信息提取等专业分类工具。

2. 国内研究现状

国内在建筑物目标识别方面也取得了较多的成果。其中，邵巨良（1993）利用小波的多分辨率分析来尝试解决建筑物识别中的尺度变化问题。陶闯（1993）讨论了人机协同策略提取人工地物的一些概念，提出了半自动区域分割、基于 Snakes 方法的提取建筑物等算法。孙善芳（1994）通过自动检测建筑物来提取城区场景的表面信息。梅雪良（1997）研究了基于多线索识别的规则房屋的三维自动重建，讨论了不确定性推理理论在识别验证中的作用。张煜（2000）采用几何约束与影像分割相结合的方法实现快速半自动房屋提取。陶文兵等（2003）采用几何结构元分析的方法，提取图形中构成矩形的各种基本结构元，再将基本结构元合并成矩形结构，自动提取航空城区影像中的矩形建筑物。Duan Jinghui 等（2004）将 GIS 数据作为先验知识给出建筑物的位置和整体轮廓，然后将影像中的建筑物质心作为初始种子点使用模糊集进行区域分割，最后对得到的结果使用自适应门限分割并用形态学方法进行修整。Wei Yanfeng 等（2004）对高分辨率星载全色影像进行无监督聚类，通过结果中灰度值最低的建筑阴影区来确认建筑的存在，然后对候选目标进行边缘提取和

Hough 变换处理,最后得到建筑目标。周俊(2005)提出了一种基于区域分割合并的建筑物半自动提取方法,可以稳定精确地提取建筑物。唐亮等(2005)由建筑物垂直边缘检测出发,提出了一种在单景航空影像中自动提取高层建筑物的策略。该方法充分结合物理空间和图像空间各种有用信息,综合运用信号处理、计算机视觉等领域多种先进技术,采用证据推理法,逐步推理得出建筑物的位置、高度和屋顶轮廓等信息,并实现了建筑物的三维重构。Cao 和 Yang 等(2005)提出利用一种结合了分形、纹理特征的水平集方法来提取遥感影像中的人造目标,使用被广泛应用于影像平滑、分割、表面重建的 Mumford-Shah 模型,将对原始图像处理得到的分形特征和纹理特征参数导入模型中,来驱动模型向目标轮廓靠拢并作平滑处理。侯蕾等(2006)提出了一种综合利用建筑物的若干特征进行自动识别的方法。首先用 Canny 算子提取边缘,然后根据建筑物的空间分布特点和 Hough 变换特性,在 Hough 变换域进行建筑物边缘方向统计来筛选边缘线段,提取出潜在的目标边缘线段,结合建筑物的几何特征(如矩形特征、角点特征和阴影特征等)和灰度特征以识别建筑物目标。Zhang 等(2006)首先通过 LIDAR 数据获得影像中各地物的高度数据,通过基于局部平面拟合(Local Plane-Fitting)的区域增长方法获得建筑物的初步轮廓,然后通过简化、调整并去除噪声点获得最终的建筑物轮廓。Song 等(2006)提出了基于区域的建筑物提取算法。通过样本获取关于建筑物目标的描述模型(主要是利用纹理和形状);通过影像分割方法,获得过分割(Over-segmentation)影像(过分割是指影像被分割得过于细碎,使本该属于同一区域的像素点集分属到多个不同区域中);识别出与先前定义的建筑物模型具有相同模式的分割单元;合并这些分割单元,并提取出与这些单元相关的直线段,利用直线段与被合并单元的轮廓构建建筑物的轮廓,并通过阴影和几何规则进行了验证。李海月等(2007)首先利用纹理特征对影像进行有效分割,产生出建筑物的候选区域;然后再判断这些区域是否为真正的建筑物区域;最后对建筑物区域使用一种网格匹配的方法将目标建筑物重建为规则的多边形,以达到建筑物自动标绘的目的。沈蔚等(2008)首次将"Alpha Shapes 算法"应用于 LIDAR 数据处理,提取出建筑轮廓线,然后利用改进的"管子算法",对原始轮廓线进行简化;最后分别用"矩形外接圆法"和"分类强制正交法"对四边形和多边形建筑轮廓线进行规则化,获得了较好的效果。周亚男等(2010)提出一种阴影辅助的建筑物提取方法。首先在高分辨率影像中提取出建筑物和阴影对象,然后通过建筑物与其阴影的空间关系特征分离相互连接的建筑物对象并确认漏提取的建筑物,从而提高了建筑物的提取精度。刘春等(2012)针对复杂不规则建筑物,首先提取特征点并判断其属性,对直角处的特征点进行条件平差,优化特征点的位置,而对圆弧处的特征点之间的边界分段采用圆弧拟合，以得到平滑的、符合实际情况的轮廓线。该方法可有效提取包含圆弧的建筑物轮廓线。

2.2.3 研究现状评述

从总体来看，目前基于遥感影像的建筑物目标识别技术相对比较成熟，在有限的空间尺度范围内、遥感影像成像质量较好的情况下，所提取的建筑物基础数据（包括建筑轮廓、高度、层数、纹理等）已经可以满足部分应用需求。该技术虽然在成果精度方面还无法与测绘技术相比，但是随着遥感数据的成本日趋低廉、数据获取更加便捷、空间分辨率和时间分辨率逐步提高以及识别技术的不断发展，基于遥感影像的建筑物目标识别技术在成本、效率、时效性等方面具有测绘技术无法比拟的优势，在大尺度城市三维空间建模方面具有很大潜力。

当然，该技术还有待进一步完善。概括来讲，目前基于遥感影像的建筑物目标识别研究主要存在如下问题（明冬萍等，2005）：

（1）大多数研究中使用的实验数据均为一小块包含目标建筑的遥感影像，即其研究前提是目标已经存在，而缺少在大幅影像上搜索和查找可能目标的能力。

（2）现有研究大多是针对某一特定类型的目标建筑（甚至特定影像）而设计的，缺乏总体理论方法的指导，造成技术的离散化、提取目标的单一性、过度的参数依赖性与不确定性，从而导致方法普适性较差。虽然不同目标的提取技术不可能完全一致，但对于遥感影像信息提取而言，需要有综观全局的指导思想或策略（如专门针对面状地物或线状地物）指导，便于技术的集成与统一。

（3）许多研究在特征提取之后便认为实现了目标提取，缺乏高层的匹配和推理过程，不可避免地具有一定的人为性和主观性。

（4）在知识的处理与运用上，关于地物空间语义关系知识的运用程度还不够。目前的推理技术大多采用简单的符号规则推理，而对于带有不确定性的模糊推理和证据理论推理等的研究和利用还不深入。

此外，随着计算机技术的发展，基于遥感影像的建筑物目标识别出现了以下几个发展方向和趋势：

（1）从利用灰度信息发展到利用彩色甚至多光谱信息。

（2）从单个影像监测发展到多个具有重叠度影像的监测。

（3）成像几何、目标知识与空间推理的利用更加全面和深入。

（4）地物模型由简单到复杂、由特殊到普通、由固定模式到灵活组合。

（5）积极探索利用新的数据源，如 LIDAR 数据。

（6）从影像信息处理发展到多源信息的集成处理，如整合 LIDAR 和高分辨率卫星影像、SAR 与光学图像的融合、以 GIS 数据(如 DSM)为辅助等。

(7)与相关领域新技术的有机融合。

2.3　建筑物参数化建模研究综述

2.3.1　建筑物参数化建模概述

1. 参数化主义

参数化主义是一种崭新的建筑设计风格,Patrik Schumacher 对此作了理念、实践两个方向的诠释(Schumacher P,2010)。参数化主义革命性的诞生,其深远意义并非在于新的设计手段的运用和前卫的外观形态,而是在更深层面上对传统建筑设计观的颠覆。

这种颠覆,首先,表现在实体论的认识转移(Ontological Shift)。在传统建筑设计里,我们对理想建筑实体的认识是固守在"规则几何形体"之下的,如方块、圆柱、球形等。而在参数化主义的设计中,建筑实体采用全新的"计算机脚本语言"(Computer Script)来表现并生成,往往由难以具体描述的不规则 Nurb 曲面、Nurb 曲线、团点、颗粒等复杂元素构成某种"前卫"形态。这种表象背后,是建筑设计观的突破和对功能更新层次的理解与追求,因而就整体风格而言,并非为求"奇形"而追求形式本身。参数化主义风格,是基于我们观察和认识世界的一个全新角度。其次,参数化主义在实践层面,简而言之即每一个建筑设计中的基本元素,是以建筑师设定的几何参数,通过电脑脚本语言,运用电脑强大的运算能力,按比例拉伸缩放旋转,从而自动生成的,具有内在数字逻辑关系和千变万化的形体(沈文,2010)。

2. 参数化技术

参数化技术与参数化主义存在紧密联系,但彼此有所区别。其关系在于:①参数化技术作为一种电脑技术,对于参数化主义,是一种工具或手段,帮助实现其风格(Schumacher P,2010);②参数化技术并非只能应用于参数化主义的设计中,它几乎可以被应用到参数化主义风格出现之前的任何风格的表现中,如果电脑技术出现足够早的话;③参数化技术具有强大精确的作图功能,可以把建筑师从繁重的手绘制图中解放出来,但是它们终归不能代表参数化主义。参数化主义,需要遵循从探索与实践中总结出的基本设计原则(沈文,2010)。

参数化技术通常表现为:由若干变量构成一个表达式,修改这些变量能够改变表达式的值。在数字化设计环境中,参数化表现为通过改变设计对象的内在变量来管理和控制设计对象的形态和相互关系。随着技术的不断成熟和理念的广泛传播,参数化技术已经逐渐从军事、国防、航空航天等尖端领域扩展到建筑设计、城市规划等民用领域。参数化技术具有调整方案的高效性、分析因子的易扩展性、成果的可变性和多样性、支持团队协作的能力以及由上述优势带来的长期经济效益,为建筑师、规划师、开发商和政府决策者等带来了巨大的便利,并从设计理念、方法和流程等多个角度为整个建筑、规划行业带来了革命性的突破。参数化技术的优势已经逐渐为更多机构和部门所重视,甚至得到政策法规的保障:目前在美国建筑设计界,使用 BIM(Building Information Modeling,绝大部分 BIM 系统都支持参数化设计)系统的企业已经占到了总数的 60%(龙文志,2011);而英国政府已经正式规定到 2016 年全国所有参与政府公共建设项目的建筑设计公司必须使用 BIM 设计系统(Day M,2011)。由此可见,与参数化技术的结合已经成为建筑设计、城市规划领域的一个重要发展趋势。

3. 参数化建模

参数化建模是参数化技术在形体建模方面的应用。通过将模型参数化,建模和优化过程中不断对其进行迭代而求出最佳解。参数化建模是参数(变量)而不是数字建立和分析的模型,通过简单改变模型中的参数值就能建立和分析新的模型(Scut W,2013)。参数化建模技术在辅助建筑设计上的应用越来越广泛,其发展时间短暂,发展速度却令人叹为观止,目前在建或已建成的各种形态各异的建筑或多或少都有参数化软件的设计辅助。

在参数化建模系统中,参数(变量)与设计对象之间的联动由参数化驱动模型实现。现有的参数化驱动模型大致分为两种基本形式:基于约束的模型和基于历史的模型(孟祥旭等,2002),如图 2-1 所示。前者由当前实例和作用于当前实例的显示约束集合构成,通过在当前实例上附加约束的方式描述最终的几何体的特征;后者通过按顺序描述一个几何体的构造方式的历史来构建几何体。约束模型的通用性好,表达能力强,但由于缺少与应用背景相关的推理机制,每加入一个约束,所有约束要一起计算求解,需要很强的计算能力;历史模型侧重生成的步骤,求解简单,但约束在表达能力上有局限性(孟祥旭等,2002)。因此,在实际应用中通常将约束模型和历史模型综合使用,特别在设计三维空间实体对象时,利用约束模型来约束和表达点、线、面等这些组成三维实体的基本元素,利用历史模型来控制和表达三维模型生成过程中的每一个有序事件,是一种常用的策略。

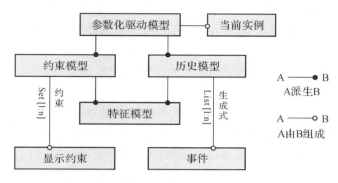

图 2-1　参数化驱动模型(孟祥旭等,2002)

2.3.2　国内外研究现状

目前,针对建筑的参数化建模研究主要集中在建筑单体的外观形态设计,相应的研究成果和实际工程案例较多,但以建筑群为对象的研究则相对较少。下面围绕建筑群的参数化建模技术,选取若干重要发展节点和研究成果来体现其研究现状。

Walter 等(1997)从数据收集、模型结构的选择、定义精度标准、模型的优化、对参数不确定性判定和对最终结果的评估六个方面出发,提出了一整套参数化建模的定义规则,为参数化建模实践和研究奠定了基础。

Zaha Hadid(2004)以新加坡"ONE-NORTH"建筑群的设计赢得国际创意设计大赛。该设计依托参数化设计手段,实现了前卫建筑师的梦想——城市建筑真正地拥有了自然景观形成的空间组成和形态。ONE-NORTH 在新加坡创造了一种典型的形态,拥有自己的天际线,在第一时间界定了从人造景观到城市居住区的定义(LingBo,2012)。

Park 等(2004)提出了一套参数化建模流程,包括几何定义和变形、创建外观形态、评估等几个阶段,并在每个阶段提出了参数化的建模准则和方法。

Duarte 等(2006)开发了一套参数化的城市语法用于模拟和分析 Zaouiat Lakhdar 地区独特的城市肌理和建筑布局形式,该语法包含三种规则:城市规则、协商规则和建筑单体规则。其中城市规则用于生成大尺度的城市分区;协商规则使相邻分区之间相互协商交易,使所有分区都能与外部接壤;建筑单体规则控制建筑内部的功能分布。该语法较好地模拟了伊斯兰地区的城市肌理和建筑特色,为阿拉伯地区城市保护和更新提供了良好的技术支撑。

HOK Planning Group(贺克国际规划组)自 2006 年起,即率先在欧美设计市场中引进"以数位信息模型(BIM)取代计算机辅助设计(CAD)"的概念,建立数位建筑模型标准与设计团队培训双管齐下,逐年提升以 Revit 等软件主导的设计的量与质。规划组从 2008 年起,英国与北美的办公室率先将 BIM 应用在土地面积 50~500 平方公里、设计周期在 3 个月至半年的规划与都市设计项目上(何涵晞,2011)。这些案例的如期完成,确立了参数化技术在大尺度概念性设计方面的可行性和实用性。

Cardenas 等(2007)研究了 3D 参数化建模环境对建筑设计的影响,特别研究了构造参数、约束条件之间的关系。深入分析了参数化控制方法、相关因素定义方法和若干通用模式,并通过一系列的案例研究,针对几何定义、直接和间接控制、模型构造的参数化和几何形体的合理性等几个方面提出了若干建模策略。

Schnabel 等(2007)通过一个数字多媒体课程与城市设计工作室相结合的案例,采用限定参数、分组设计并最终整合的方式,探索在建筑表达、城市形态、公众参与等方面的建筑参数化建模新方法。

Bakolas 等(2007)开发了一个自生成的 3D 虚拟城市模拟软件——Virtual Urbanity,并基于此软件开展了各种交互式定位和导航实验,研究了城市空间形态的理论方法、用户对于建造环境和结构的各种观念,并提出了用于实时建立城市模型的一整套规则集。

Yu 等(2009)针对参数化设计在设计过程中能够提供多种方案,但在最后阶段只能选择其一去开发建设的问题,提出了一套参数化设计策略,这种策略融合了来自模拟工具的知识系统,能够保证参数化设计在最终建模完成后仍能够保证可变性。

Silva 等(2010)针对当前参数化城市规划案例中只考虑建筑单体形式、环境和功能,而忽略空间布局结构的问题,通过若干案例,研究了引入空间布局结构参数对整个方案提升带来的影响,证明了空间布局结构参数对参数化城市规划应用的重要性。

徐丰(2010)以伦敦 2012 年奥运会场址城市设计及广西钦州总体规划为例,从"城市流体"这一个全新概念出发,提出参数化城市设计的城市发展思路和设计方法。

Yenerim 等(2011)利用 Autodesk Revit、Microsoft Excel 和 Microsoft Visual C♯ 等工具,通过参数化设计手段,实现了一个具有复杂屋顶结构的建筑单体设计,并由此探讨通过参数化技术完成大尺度城市设计的可能性。

Tang(2011)针对目前参数化城市规划设计中非空间数据缺乏的问题,采用 GIS 与参数化理论相结合的手段,将人口、交通网络、经济等数据有效整合到参数化的城市规划方案之中,提供了一套将非空间数据空间化、可视化、可分析化的有效解决方案。

Mueller 等人自 2001 年以来一直致力于城市尺度的参数化建模技术研究，提出了包括参数化城市建模、参数化建筑建模、基于影像的建筑立面建模、古建筑的参数化 3D 重建、交互式道路建模、4D 城市模拟等一系列计算机实现方法（Parish Y I H 等，2001；Müller P 等，2006；Watson B 等，2008；Smelik R M 等，2009；Weber B 等，2009；Dylla K 等，2010），并于 2008 年正式推出了 CityEngine 软件，该软件在游戏开发、电影数字化场景制作、城市规划、建筑设计和古建筑保护等方面都得到了较为广泛的应用。本书的自动建模模块即主要是基于 CityEngine Pro 2011 平台开发实现的。

2.3.3　研究现状评述

总体来说，从国际范围上看建筑物参数化建模技术仍然是一门新兴的研究课题，它整合了计算机技术和建筑、规划领域的理论方法，突破了人工建模的数量极限，可以非常快速地构造出大尺度、易扩展、高复杂度的模型，并且通过调整参数即可改变模型整体形态，而工作量并不重复增加。可以预见，建筑物参数化建模技术，将成为未来构建大尺度城市三维空间模型的重要甚至主流手段之一。

当然，建筑物参数化建模技术目前仍存在不少问题，概括而言主要有以下四个方面：①现有技术多针对特定区域或特定建筑类别，缺乏通用的方法和策略；②现有研究多专注于提升技术本身的性能，而忽略了用户的接受程度、操作体验和技术推广的可行性；③现有的参数化建模平台需要用户编写规则文件、自动建模脚本，构建和维护规则库、贴图库等，这些都需要非常专业的计算机编程开发背景知识，技术门槛较高，操作复杂，阻碍了该技术的普及；④传统参数化建模系统架构是将参数管理与自动建模整合在一个软件平台中进行的，这导致用户要在一个全新平台下，既需维护成千上万个建筑参数，又要负责建筑元素的建模。传统架构对用户的技术要求过高，建模效率较低，不利于技术推广。由此可见，针对大尺度城市建筑群三维建模，需要寻求一种低门槛、高效率、大众化的参数化建模方法。

2.4　研究思路的提出

2.4.1　文献综述的启示

本书涉及多学科交叉，必须对各相关学科的研究现状、问题和趋势有一个全面的认识。因此本章前三节,分别对建筑物三维重建、基于遥感影像的建筑物目标识别、建筑物参数化建模三方面的相关文献进行了综述,并由此激发了本书研究思路的形成。

第一节首先对建筑物三维重建的研究与应用现状进行了总结,指出国内外大量研究机构开展了针对建筑群体的研究,取得了较多的研究成果。同时自进入 21 世纪以来,国内外涌现出了一批基于网络的数字化三维城市地理信息系统,大尺度城市建筑群体三维模型在其中得到了广泛的应用。从中我们可以得到启示:人们对全局空间信息的需求急剧增长,建筑单体或组团已无法满足这种需求,大尺度城市建筑群体三维模型将逐渐成为社会发展所必需的一项重要基础设施,极具研究价值。其次,本节对现有的七大类技术方法进行了系统梳理,对每种方法的基本原理、研究进展、优劣势进行了分析。基于此,我们发现当前阻碍大尺度城市建筑群三维重建技术发展的重要因素在于两个"缺乏":建筑基础数据的缺乏和高效建模手段的缺乏。由此可以得出,①如何即时、高效、廉价地获得城市建筑群基础数据,②如何快速、简便、逼真地构建城市建筑群三维模型,是当前大尺度城市建筑群三维重建研究需要攻克的两大难题,也是本研究面临的两大关键问题。

第二节对影像目标识别的概念、基于遥感影像的建筑物目标识别研究以及建筑物提取的四大类别进行了阐述,对国内外研究现状进行了总结回顾。根据本节内容,可以得到如下启示:基于遥感影像的建筑物目标识别技术目前相对较成熟,利用遥感影像所提取的建筑基础数据有可能达到较高精度,且遥感数据价格日趋低廉、获取更加方便、及时,这些优势都为即时、高效、廉价地获得建筑群基础数据提供了条件。然而为了快速、准确地获取到有效的建筑群基础数据,该技术至少需从以下三方面进行改进与创新:①提高对建筑物目标的识别准确性和识别效率;②提高算法对建筑群体目标的适应性;③保证识别结果能够满足后续参数化建模的需求。

第三节对参数化概念、参数化应用趋势、参数化驱动模型等内容作了简要介绍,并对近 15 年来国内外在参数化建模方面的若干重要发展节点和研究成果进行了总结回顾。根据本节内容,可以得到如下启示:参数化建模技术充分利用了计算机强大的运算能力,建模速度快,方案调整方便,模型形态逼真,在大尺度城市建筑群三维重建方面具有显著优势。但是,为了实现解决方案的大众化,该技术至少需从以下三方面进行改进和创新:①从系统架构层面出发,尝试将参数管理与自动建模分开,降低技术门槛;②充分考虑用户的使用习惯、知识水平,与目前应用较广泛的 AutoCAD 平台进行整合;③进一步提高参数化建模的自动化水平,尽可能减少人工交互。

2.4.2　研究思路的提出

综合上述启示可以发现,建筑物三维重建、目标识别和参数化建模三种技术之间存在如图 2-2 所示的关系:①建筑物三维重建技术可实现城市建筑群的三维重建,但它存在如何即时、高效、廉价地获得城市建筑群基础数据,以及如何快速、简便、逼真地构建城市建筑群三维模型两大难题;②建筑物目标识别技术可获取较高精度的建筑基础数据,具有时效性好、获取方便、价格低廉等优势,恰可解决三维重建技术中的第一个难题;③建筑物参数化建模技术具有建模速度快、自动化程度高、调整方便、形态逼真等优势,恰可解决三维重建技术中的第二个难题。正是三者之间这种密切的关系,激发了本书研究思路的形成,即在建筑物三维重建技术的基础上,引入建筑物目标识别技术和建筑物参数化建模技术,通过顶层框架上的重构、整合以及底层技术方法上的改进、创新,形成一套针对城市建筑群三维重建的低成本、低门槛、高效率的大众化解决方案。

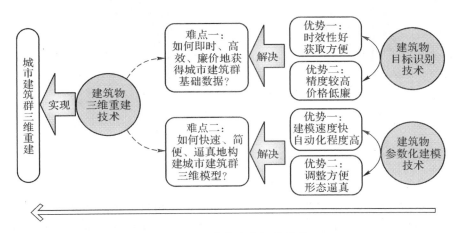

图 2-2　三种技术之间的关系

具体来讲,本书的研究思路由三个层面组成,自上而下分别为目标层、框架层和技术方法层(见图 2-3)。目标层是"导向层",确定研究对象为城市建筑群(而非建筑单体或组团),研究目标为提供一套针对城市建筑群三维重建的低成本、低门槛、高效率的大众化解决方案。全书即围绕该目标层展开。框架层是"支撑层",通过三种技术体系的有效重构与整合,尝试构建一套适用于城市建筑群三维重建的新框架,为相关研究提供理论支撑和方法指导,本书第 3 章内容即属于框架层。技术方法层是"实现层",针对建筑物目标识别、参数化建模技术体系中的核心技术问题,提出一系列具有创新性的方法,为整套解决方案的实现奠定扎实基础,本书第 4 至第 7 章内容即属于技术方法层。

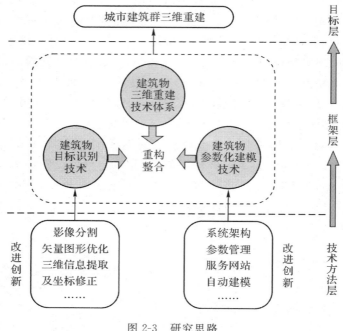

图 2-3　研究思路

2.5　本章小结

　　本章对建筑物三维重建、基于遥感影像的建筑物目标识别和建筑物参数化建模三个技术领域的相关文献进行了综述。首先,由建筑物三维重建的研究现状可知,如何即时、高效、廉价地获取建筑群基础数据,以及如何快速、简便、逼真地构建建筑群三维模型,是当前大尺度城市建筑群三维重建研究急需攻克的两大难题,也是本研究面临的两个关键问题。其次,从基于遥感影像的建筑物目标识别研究现状来看,该技术目前相对较成熟,所提取的基础数据具有较高精度,而且时效性好、获取方便、价格低廉,这些优势都为即时、高效、廉价地获取建筑群基础数据提供了条件。最后,由建筑物参数化建模的研究现状可见,该技术充分利用了计算机强大的运算能力,建模速度快、自动化程度高、调整方便、形态逼真,在构建大尺度城市建筑群三维模型方面具有显著优势。

　　由文献综述可以发现三大技术之间存在如下密切关系：建筑物目标识别与参数化建模技术所拥有的优势，恰可解决建筑物三维重建面临的两大难点。由此提出了本书的研究思路，即在建筑物三维重建技术的基础上，引入建筑物目标识别技术和建筑物参数化建模技术，通过顶层框架上的重构、整合以及底层技术方法上的改进、创新，形成一套针对城市建筑群三维重建的低成本、低门槛、高效率的大众化解决方案。该研究思路由目标层、框架层、技术方法层三个层面组成。全书即围绕目标层展开，其中第 3 章内容属于框架层，第 4 至第 7 章内容属于技术方法层。

第3章 城市建筑群三维重建的 "三元交叉框架"构建

3.1 解构:目标识别、参数化建模与三维重建的"二元并行框架"

3.1.1 建筑物目标识别技术体系的解构

目标识别是一类典型的影像分析任务。影像分析意味着对影像语义的处理(Baatz M 等,2000)。在大多数情形下,用于理解影像的重要语义信息是由有意义的影像对象及其相互关系来表达的,而非单个像元(Blaschke T 等,2000; Baatz M 等,2000)。从本质上看,影像分析的研究对象是目标或有意义的对象。基于此,相关学者在地学信息图谱理论的基础上,提出了遥感"图—谱"信息耦合的空间认知理论,构建了"像元—基元—目标—格局"为一体的遥感信息图谱计算的理论方法体系(骆剑承等,2009)。目前,很多以建筑物为对象、基于遥感影像的目标识别技术体系(下面简称为"建筑物目标识别技术体系")均是参照上述或相似理论发展而来的,其基本内容如图 3-1 所示。

1. 像元级处理

传统的数字影像处理过程都是将每一个删格点的像元值作为输入,通过一定的函数映射关系,得到该栅格点新的像元值。这种按照顺序对整幅影像逐点进行处理的模式,就属于"像元级"影像处理(骆剑承等,2009)。像元级的处理包括数据预处理、影像分割、栅格数据矢量化等内容。

(1)数据预处理,包括几何校正、配准、影像镶嵌与裁剪、去云处理、光谱归一化、影像融合等环节,其目的在于使待处理的遥感影像数据满足后期处理和分析所需要的条件,确保结果的有效性和精确性。

(2)影像分割,是指将一幅影像分解为若干互不交叠区域(也称图斑)的集合,按照通用的分割定义,分割出的区域需同时满足均匀性和连通性的条件。其中,均匀性是指该区域中的所有像素点都满足基于灰度、纹理、彩色等特征的

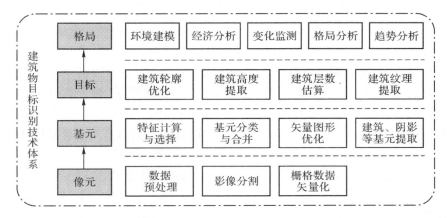

图 3-1　建筑物目标识别技术体系

某种相似性准则,连通性是指在该区域内存在连接任意两点的路径(王爱民等,2000)。其目的是将代表建筑、阴影、绿地、道路等不同地物的像元区域分割开来,为下一级的处理提供条件。

(3)栅格数据矢量化(以下简称"矢量化"),是指沿相邻区域边界形成矢量弧段,连接相接弧段构成围合栅格区域的闭合矢量多边形。虽然最终形成的矢量多边形具有基元特征,但整个矢量化过程是以像元为处理单位的,因此该过程属于像元级处理。较之栅格数据,矢量数据在各类分析和应用(特别是基于海量遥感数据的分析、应用)上具有绝对优势,因此矢量化是整个体系中非常重要的一步,将为后面基于基元的分析和处理奠定基础。

2. 基元级处理

基元是指在一定尺度下通过特定的计算法则提取出来的由光谱及纹理等特征均质的像元组成的连通区域,构成影像视觉上的基本单元(骆剑承等,2009)。每个基元都具有光谱、纹理、形状、几何关系、空间拓扑关系、层次等属性(即特征),是实现"对象级"信息提取的基本单位。以基元为基本单位的操作称为基元级处理,主要包括特征计算与选择、基元分类与合并、矢量图形优化、建筑和阴影的基元提取等。

(1)特征计算与选择。特征计算是指对每一个基元的光谱、纹理、形状、几何关系、空间拓扑关系、层次等特征,按照相应的算法规则,逐一进行计算,并将结果保存在基元内部的数据结构体中。可以说,只有经过特征计算的基元才具有完整"对象"意义,因为只有这样的基元才拥有独立的特征和行为。此外,为了满足各类应用的不同需求,通常会将基元的多种特征一次性计算出来并作保存,而具体到某一实际应用,所需特征可能不同,这就需要进行特征选择,被选特征将作为基元分类的依据。

（2）基元分类与合并。基元分类是指根据所选特征，按照一定的算法规则，将指定基元集分成若干类别，通常每类代表一种地物，如建筑、绿地、道路、水体等。同时，还可根据需要将某一大类再细分成若干小类，如根据建筑屋面的颜色不同将建筑类细分成多个子类。在基元分类时，须遵循"先大类、后小类"的分类原则。此外，由于遥感影像具有多尺度特性，同一次分割往往会造成某类地物"过分割"的现象，所以在基元分类后须进行同类相邻基元的合并操作。值得注意的是，该操作需同时更新新生成区域的各个属性特征。

（3）矢量图形优化，是指将矢量化得到的初始矢量图形，按照一定的算法规则处理，使其边界更加逼近真实地物的轮廓。之所以要进行优化，是因为：①通过优化可以减弱遥感影像噪声、离散数据栅格化误差等因素对初始矢量图形的影响；②由于影像是由方格点像元组成，由边界追踪得到的矢量化结果往往呈锯齿状，这对后期基元几何特征（如周长、面积、紧凑度、圆滑度等）的分析造成很大误差，故需事先对锯齿进行优化；③遥感影像中地物类型多样，规则与不规则地物共存，而初始矢量化结果往往具有相似的规则度，因此需通过优化算法来还原地物的不同规则度；④初始提取的建筑基元往往缺乏规则几何的人工地物特征，也需要通过优化算法来拟合实现。

（4）建筑、阴影等基元提取。在基元分类、合并后，要将目标或与目标相关的基元（如建筑、阴影等）从其他基元中提取出来，为后续的目标级处理作准备。

3. 目标级处理

目标级处理是在基元级处理的基础上又上升了一个层次，是以特定应用所需基元为对象的处理过程。以建筑物目标识别为例，通常需要建筑、阴影两类基元，前者用于描述真实建筑的坐标和轮廓，后者用于辅助提取建筑高度、层数等信息。建筑物目标识别技术体系中的目标级处理主要包括建筑轮廓优化、建筑高度提取、建筑层数估算、建筑纹理提取等内容。

（1）建筑轮廓优化，是指根据一定的算法规则，对所提取的建筑基元的矢量边界进行优化，使之具有人工构筑物的规则几何特性，尽可能逼近真实轮廓、体现原始形态。该环节实际上从属于矢量图形的优化，但此处优化是专门针对目标基元的，在优化算法设计、处理目的、优化效果上具有专一性，因此本书将其单列，并归属于目标级处理。

（2）建筑高度提取，是指利用建筑与阴影、立面等相关基元的空间关系，以及影像拍摄时的太阳高度角、方位角等信息，通过自动或半自动的手段获取建筑高度信息。目前国内外已有多种基于影像的建筑高度提取方法（Cheng F等，1995；何国金等，2001；谢军飞等，2004）。

（3）建筑层数估算，是指按照一定的算法规则，从遥感影像中直接提取出或者借助建筑高度数据间接推算出建筑层数数据。由于影像分辨率有限，而建筑层高千差万别，想要从单张遥感影像中获取建筑的精确层数数据几乎不可能。因此，通常都是采用经验值法。

（4）建筑纹理提取。最终提取的建筑基元多边形所包围的栅格区域，即为建筑屋面纹理，因此可以非常方便地从遥感影像中提取屋面纹理数据。而建筑侧面的纹理数据通常需要借助其他手段获取，例如结合侧向摄影的航空航天影像、地面摄影采集数据、利用模型库数据模拟等方式。

4. 格局级处理

格局级处理是比目标级更高一层次的处理，融合领域知识和专业模型，通过对目标对象或目标组合及其相互关系的分析，以及与环境背景关系的判断，实现对地理现象的空间分布格局和空间行为过程的表达与模拟，体现了"从信息到知识"的过程（骆剑承等，2009）。针对建筑物目标识别，格局级处理主要包括环境建模、经济分析、变化监测、格局分析、趋势分析等内容。

（1）环境建模，是指根据提取的建筑轮廓、高度、层数、纹理等信息，建立三维化的建筑群空间模型。这些模型可作为城市地理空间信息系统的基础平台设施，是进行各类研究和应用的主体要素，本研究即属于环境建模范畴。

（2）经济分析，是指借助城市建筑群三维空间模型，进行建筑密度、建筑限高、容积率、投资预算等方面的分析（李锦业等，2007）。

（3）变化监测、格局分析、趋势分析等，是在上述空间模型的基础上，结合不同应用需求开展的相关分析研究，并以此作为决策的依据。

3.1.2　建筑物参数化建模技术体系的解构

参数化技术通过一组参数来控制和约束设计对象的形态，参数与形态特征之间具有显式对应关系，设计结果的修改受参数实时、动态地驱动。利用参数化技术开发的专用建筑物建模系统，可以充分发挥计算机强大的运算能力，按照既有的参数条件和约束规则快速生成建筑模型，并且通过调整参数，可以即时得到不同结果，而工作量不会重复增加。根据应用领域的不同，该技术具有不同的体系结构，而针对建筑物的参数化建模技术体系（下面简称"建筑物参数化建模技术体系"）可大致概括为如图 3-2 所示结构。

1. 纹理

城市中各式各样、风格迥异的建筑是城市三维空间建模的基本内容，为了逼真再现城市三维景观，基于纹理的造型理论广泛运用于建筑物真三维模型的生成，以渲染出"图片真实化"（Photo Realistic）的视觉效果（吴军，2005）。关于

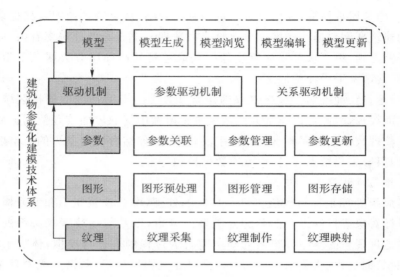

图 3-2　建筑物参数化建模技术体系

纹理的操作主要包括纹理采集、纹理制作和纹理映射等内容。

（1）纹理采集，包括屋顶面纹理采集和墙面纹理采集两部分。屋顶面纹理获取的自动化程度较高，从大比例尺的航空影像获取城市建筑物屋顶面纹理是有效的途径之一（Gruen A 等，1998）。墙面纹理数据的采集主要通过地面摄影以及人工后期处理（进行交互贴图）的方式完成（万剑华，2001）。然而在参数化三维建模系统中，建筑的纹理、形态等特征都是由参数驱动的，其目的在于以最便捷的方式确保城市建筑群的整体空间形态与真实世界相似，而非保证每个建筑单体真实细节的完整性。因此，在参数化建模系统中，通常会采集一批具有广泛代表性的、能够模拟目标区域各类建筑风格样式的纹理，并做成纹理库（亦称"贴图库"），供参数化建模时灵活调用。

（2）纹理制作。通过各种技术手段采集到的纹理图片或视频，往往存在倾斜、透视、遮挡等问题，需要进行一定的处理才能满足应用需求。

（3）纹理映射，是指准确建立模型表面（主要为平面）空间点与纹理影像上成像点之间的一一对应关系。单纯依靠人工来完成城市中成千上万建筑物表面纹理影像的采集、粘贴、对齐等工作无疑是极其耗时、耗力的烦琐过程（万剑华，2001）。参数化建模系统采用脚本语言的形式实现纹理映射。这样脚本可重复利用，自动化程度高，避免了人工拼贴的烦琐过程。但其缺点在于脚本化语言不够直观，难以掌握和精准定位，为此部分参数化建模平台推出了可视化的纹理映射交互工具（如 CityEngine 的 Facade Wizard），大大提高了处理效率。

2. 图形

图形,在参数化建模系统中,通常作为一种几何约束元素和模型生成的起始对象(亦称起始图元)。在建筑物参数化建模体系中,图形一般由建筑物的二维闭合轮廓线组成。这些轮廓线约束了三维建筑模型的空间位置和布局关系,同时也是三维模型的生成起点,即任意复杂的三维模型都是由这些简单的二维轮廓线不断"生长"而来的。针对图形的操作主要有图形预处理、图形管理和图形存储等。

(1)图形预处理。参数化建模系统一般对数据的格式、精度等方面都会有专门的要求,因此需要对来自不同渠道的图形数据进行预处理,主要包括文件格式的转换、地理坐标的转换、冗余数据的剔除等。而专门针对建筑图形的处理还包括轮廓线的闭合检测(只有闭合的多边形才能生成三维建筑模型)、表面法向调整(使多边形轮廓的法线方向朝上)等。

(2)图形管理与存储。对于大数据量、分布式的参数化建模系统,一般还需要使用图形数据库(Graphic Batabase)来进行存储和管理。图形数据库是利用计算机将点、线、面等基本图形元素按照一定数据结构存储的数据集合,它包括两个层次:第一层次为拓扑编码的数据集合,由描述点、线、面等图形元素间关系的数据文件组成,包括多边形文件、线段文件、结点文件等。文件间通过关联数据项相互联系。第二层次为坐标编码数据集合,由描述各图形元素空间位置的坐标文件组成。图形数据库是目前地理信息系统中对矢量结构地图数字化数据进行组织的主要形式(宛延琦,1999;萨师炬等,2004)。

3. 参数

在参数化建模系统中,可以通过改变设计对象内部的参数数值来管理和控制设计对象的状态,因此参数是参数化建模系统的核心。参数的形式可以是数值型、布尔型、字符型等任意格式。关于参数的操作主要包括参数关联、参数管理和参数更新等。

(1)参数关联,是指将点、线、面等几何图元与各类参数建立映射关系,使图元具有相应的属性信息。传统 GIS 系统一般都建立了图元与参数的关联机制(通过属性表的形式),然而目前大多数商业化三维建模软件和参数化建模系统都缺乏有效的关联机制,导致用户在进行参数化建模前必须使用第三方系统,产生了额外开销和诸多不便。

(2)参数管理,是指对参数进行查看、增加、删除、修改等操作。参数管理在整个参数化建模过程中的交互量最大,因此必须提供人性化的交互界面、便捷的管理模式,以最大化地提高管理效率。

(3)参数更新。在某些双向驱动的参数化系统中,不仅参数可以驱动模型形态的变化,同时人为对模型形态的调整也会反过来驱动参数的变化,这就需要实现参数的自动更新。

4.模型

模型,是参数化建模系统的最终输出结果。与传统基于人工交互的商业化三维建模软件制作出的静态模型不同,在参数化建模系统中,模型并非是离散几何形体的简单拼合,而是按照一定的层次、空间拓扑和继承关系,以非常严密的秩序和逻辑组合而成的一个动态集合。模型内部任何一个元素的调整都会引起其他相关元素的自动更新,从而维持整个模型空间逻辑的正确性和特征的完整性。关于模型的操作主要包括模型生成、模型浏览、模型编辑和模型更新等内容。

(1)模型生成,是指根据输入的图形以及图形所带的参数,按照一定的生成规则,由参数化建模系统自动生成对应的三维模型。

(2)模型浏览,包括缩放、旋转、三维漫游等交互操作,还包括对边、线、面、纹理、光线、雾化等多种显示模式和特效的控制。

(3)模型编辑,是指用户对已建成模型的编辑操作。大部分参数化建模系统,只允许修改模型中的起始图元(如建筑轮廓线),而不允许修改由系统自动生成的部分。这是因为后者是依照生成规则而形成的,其组成元素之间具有严密的逻辑关系,如果允许用户编辑,这种逻辑关系将遭到破坏而使系统难以维护。但双向驱动的参数化建模系统则没有此限制。

(4)模型更新。在模型生成之后,用户可以随时修改任意参数和起始图元以改变对象的形态,即更新模型。这种更新是实时的、联动的,可以做到"所见即所得",从而保证系统的高效性。

5.驱动机制

在参数化系统中,必须要有一套驱动机制,以保证"图形—参数—模型"三者之间的联动。这里的联动主要体现在:①图形—模型联动,即图形的变化造成模型的自动更新;②参数—模型联动,即参数的变化带来模型的更新;③模型—参数反向联动,即模型的变化也会引起参数的自动调整,该联动只有在双向驱动的系统中才能实现。但是,模型无法反向联动图形,这是因为图形是模型生成的起始对象,反向联动将导致逻辑关系的紊乱。根据三者联动的本质差异,可以将驱动机制分为参数驱动机制和关系驱动机制两种类型。

(1)参数驱动机制,是指通过参数来动态管理和控制模型形态的一种机制。在这种机制下,模型的形态可以随参数的变化而更新,同时模型形态的变化也会反向引起参数的变化。例如,可以通过改变建筑的高度参数,使建筑模型产生高低变化,亦可通过纵向拉伸建筑模型的顶面来改变高度参数数值,这就是参数驱动机制控制的结果。

（2）关系驱动机制，是指通过模型各组成部分之间的拓扑、层次、继承、逻辑等约束关系来动态管理和控制模型形态的一种机制。例如一栋方形建筑，不管其高度参数如何变化，生成的三维体块始终由彼此连接的 6 个面组成，面与面之间始终维持着固定的空间关系，这就是关系驱动机制控制的结果。

参数化建模系统，一般都包含上述这两种驱动机制。

3.1.3　建筑物三维重建技术体系的解构

建筑物三维重建技术体系的要素主要包括样式、纹理、轮廓、高度层数和三维模型（见图 3-3）。

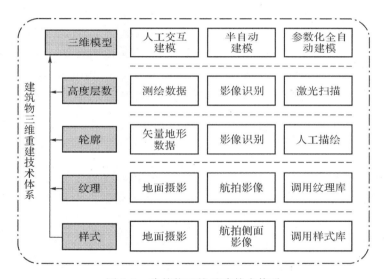

图 3-3　建筑物三维重建技术体系

1. 样式

样式即建筑风格，它主要从两个方面来表现：一是建筑纹理；二是建筑的空间形态。由于本书已将纹理作为独立要素，因此这里的建筑样式是指后者，主要体现在屋顶形式（平屋顶、坡屋顶、曲面屋顶或多波式折板屋顶等）、建筑各层平面以及建筑立面的形态变化上。建筑样式信息通常借助地面摄影或侧向拍摄的航天航空影像，通过人工目视解译方式获取并在三维建模过程中予以表达。如果对建筑样式的精度要求不高，可以通过调用预设的建筑样式库，给建筑随机分配样式。

2. 纹理

建筑纹理包括屋顶纹理和立面纹理。屋顶纹理可以从航拍影像中直接获取，相对而言侧面纹理获取难度较大，现有的获取方式有以下几种（徐明霞，2006）：①调用纹理库、由计算机作简单模拟绘制。该方法的优点是数据量少、渲染速度快，缺点是并非每栋建筑绝对参照真实现状。②从地面摄影相片中人工提取。该方法需要大量的拍摄工作，数据量和工作量较大，更新速度慢，但真实感较强。③根据摄影相片由计算机辅助匹配。该方法可大幅提高效率，但人工交互量仍较大，技术尚欠成熟，影像拍摄的工作量较大。④由空中影像获取侧面纹理。该方法后期的处理工作量较大，纹理因形变造成了信息的损失。

3. 轮廓

轮廓是指在一定地理坐标系下，建筑物外轮廓线在地平面上的投影。目前大部分建筑物三维建模工作都是使用由测绘部门提供的城市矢量地形数据（包含建筑轮廓），然而出于国防、安保等考虑，此类高精度地形数据在我国并不对普通大众开放，因此缺乏普适性。同时，这类地形数据制作成本高、周期长、时效性差，难以满足社会各界对即时、精确空间数据的迫切需求。除了测绘部门直接提供外，建筑轮廓数据还可以通过基于影像的目标识别、手工矢量化等方法获得。

4. 高度层数

建筑高度和层数是表达建筑三维空间体量和形态的重要因素。对于少量建筑单体或组团，可以人工从已有设计图纸或者测绘数据中提取。但是对于大尺度城市建筑群而言，要准确获取每一栋建筑的高度、层数，采用人工的方式是一件费时费力、几乎不可能的任务。因此通常会借助影像识别、激光扫描等技术手段。

5. 三维模型

三维模型的构建是整套技术体系的核心，是实现二维向三维转变的关键步骤，所用技术手段的优劣将直接影响整个建模的效率和精度。现有技术可分为手动、半自动和参数化全自动建模三种类型。

3.1.4 "二元并行框架"的剖析

1."二元并行框架"及其主要问题

通过对上述三大技术体系的深度解构，并结合体系之间交叉融合的研究与应用现状，本书归纳出如图 3-4 所示的"二元并行框架"，即目标识别技术体系和参数化建模技术体系,分别与三维重建技术体系①形成了两个技术联合体②(以下简称为"联合体"),这两个联合体之间相对独立,缺乏有效的交叉融合,形成了"二元并行"的框架结构。需要注意的是,这里的"二元"是指两个联合体,而非两个技术体系,这与本章第3.3节中"三元"的定义(即指三个技术体系)有所不同。

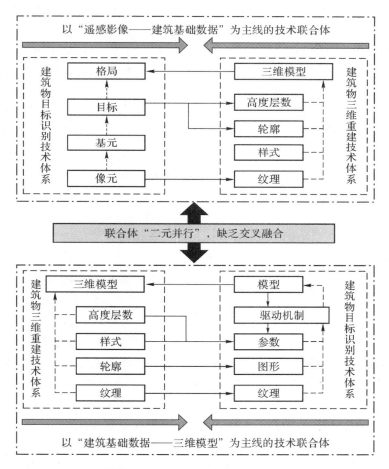

图 3-4 目标识别、参数化建模与三维重建的"二元并行框架"

---

① 如无特别说明,本书中的"目标识别技术体系"、"参数化建模技术体系"、"三维重建技术体系"分别特指"建筑物目标识别技术体系"、"建筑物参数化建模技术体系"、"建筑物三维重建技术体系"。

② 本书将彼此交叉相对广泛和成熟的多个技术体系称为"技术联合体"。

（1）目标识别技术可以从遥感影像中直接获取高度、层数、建筑轮廓、纹理等数据，为三维重建提供建筑基础数据，因此目标识别技术体系与三维重建技术体系之间形成了以"遥感影像——建筑基础数据"为主线的技术联合体。具体来看，两者的联合主要体现在三个方面：①在目标识别的像元级处理阶段，从遥感影像中直接获取屋顶纹理；②在目标识别的目标级处理阶段，通过计算机算法和少量交互，提取到建筑轮廓和高度层数数据；③三维重建体系获得的模型可以为目标识别体系中的格局级分析处理提供载体。从研究现状来看，目标识别技术已经成为建筑物三维重建的重要技术手段之一（详见本书第 2.1.2 小节的相关内容），两者的联合具有较广泛的应用基础，但是这种联合仍存在以下几个问题：①建筑物的样式和侧面纹理信息难以通过目标识别技术得到；②识别方法多针对特定建筑类型，缺乏通用的理论和技术框架；③现有的识别方法尚欠稳定、成熟，识别精度有待进一步提高；④尺度上局限于建筑单体或组团，专门针对大尺度城市建筑群识别与重建方面的研究较少；⑤该联合体虽可快速、廉价地获得建筑基础数据，但三维重建体系内缺乏高效、便捷的建模手段，难以胜任大尺度城市建筑群的三维重建任务。

（2）三维重建技术体系与参数化建模技术体系之间形成了以"建筑基础数据——三维模型"为主线的技术联合体。该联合体通过三维重建技术体系中的传统手段获取建筑基础数据，然后借助参数化建模技术体系，将这些数据转换为三维建筑模型。具体来看，三维重建技术体系和参数化建模技术体系的联合主要体现在四个方面：①前者获取的纹理数据可以作为后者栅格纹理的来源；②前者获取的轮廓数据可以作为后者矢量图形的来源；③前者获取的样式、高度和层数数据可以作为后者的参数；④后者利用自身的自动化建模优势，为前者提供建筑物三维模型。三维重建技术体系的特点在于可通过多种技术手段获取建筑基础数据，而参数化建模技术体系的特点在于强大的自动建模能力，两者的联合具有其必然性。但是，这种联合仍然存在以下几个问题：①从目前来看，用于参数化建模的建筑纹理、高度、轮廓等数据主要依托测绘部门的实测数据，虽然精度较高，但制作成本高、周期长、时效性差，而且此类数据对于普通大众而言难以获得；②现有的参数化建模平台技术门槛高，操作复杂，与传统三维重建软件平台之间的衔接不足，导致参数化技术应用的前期投入较大、效率优势不明显，推广普及难度较大。

2."二元并行框架"的成因分析

两个联合体均包含了三维重建技术体系，却缺乏有效的交叉融合，其主要原因在于目标识别技术体系与参数化建模技术体系之间的"鸿沟"：

（1）研究侧重点不同。建筑物目标识别是计算机视觉领域的一个研究分支,以影像信息的提取和解译为主要任务,影像分割、矢量化及矢量图形优化、特征计算、基元分类、目标与模式识别等方面的算法设计和技术研发是其研究重点。而建筑物参数化建模属于计算机图形学的研究范畴,以参数化模型设计(孟祥旭等,2002)、参数化驱动机制设计(刘华等,2004)、三维几何形体的数据结构设计和拓扑关系建立等为研究重点。研究重点的不同导致其难有交叉机会。

(2)应用领域的差异性。限于当前计算机视觉和影像理解的研究水平,建筑物目标识别技术距大规模民用化还有较大差距,目前主要面向军事、国防、国家安全等重要部门,以及国土调查、环境监测等行政性事务部门。而建筑物参数化建模技术目前已经成为计算机图形学领域的一个研究热点,相关的研究成果和实际工程案例较多,部分较成熟的参数化设计软件已经在影视、娱乐、建筑、规划等民用领域得到了较广泛应用。不同的应用领域也导致其难有交叉的机会。

(3)技术体系的封闭与不足。首先,目标识别和参数化建模技术体系分属不同学科领域,研究内容差别较大,因此体系内部结构相对独立、封闭,减少了体系交叉的可能性。其次,内部技术的不足也增加了交叉的难度,如目标识别技术仍有待改进,识别效率、精度、成果格式等方面还未达到参数化建模的要求,而参数化建模技术门槛高、操作复杂、前期投入大,对于普通用户(如建筑、规划领域的设计人员)而言难度较大。

3.2　交叉途径分析

从两个联合体的构成来看,两者均包含了三维重建技术体系。从联合体的主线来看,前者为"遥感影像——建筑基础数据",后者为"建筑基础数据——三维模型",两者间存在流程的连贯性。因此从理论上看,两个技术联合体之间具有交叉的可行性。

从"二元并行框架"的成因来看,研究侧重点和应用领域的差异性均不足以成为阻碍交叉的主要因素,因为随着学科交叉的不断深入和应用领域的不断扩展,这种差异性会不断减弱,不同学科之间的研究侧重点、应用领域相交叠的现象将变得越来越普遍。因此,技术体系的封闭与不足,就成为制约三个技术体系交叉融合的最关键因素。

综合上述分析,笔者认为需要从以下三个方面突破体系间的封闭性、弥补技术自身的不足,才能真正实现三大技术体系的有效交叉融合。

1. 体系间：梳理体系间的元素关系，寻找连接点，构建整体框架

体系内部结构的独立性和封闭性，导致以完整体系为单元的交叉融合变得非常困难，而且即使交叉了，也只是简单的技术拼接，无法满足特定的需求或实现解决方案的最优化。因此必须打破体系壁垒，梳理体系间各元素的相互关系，寻找所有可能的连接点，构建一个针对城市建筑群三维重建的整体框架。

2. 体系内：重组和整合体系内元素，寻求最佳方案，构建子框架

上述整体框架属于宏观层面，它需要以体系内元素的有效组织、整合作支撑，并形成中观层面的子框架。对于目标识别技术体系而言，需要对影像分割、矢量化、矢量图形优化等体系元素进行重新组合，建立一套基于面向对象技术的、能够即时、高效、廉价地获取大尺度城市建筑群基础数据的子框架。对于参数化建模技术体系而言，需要对体系内部元素作更大幅度的重组、整合，形成若干个内部功能相对独立、彼此间又紧密关联的功能模块，构成一套基于"参—建分离"系统架构的、能够快速、简便、逼真地构建大尺度城市建筑群三维模型的子框架。

3. 内部技术：改进与创新，探寻最优解，为体系交叉奠定底层基础

上述中观层面的子框架，其预订功能需要依托切实可行的微观技术方法来实现。首先，目标识别技术欠成熟、识别效率和精度无法满足后续建模要求，是阻碍技术体系交叉的重要因素，因此必须对目标识别技术体系内的影像分割、矢量图形优化、三维信息提取及坐标修正等关键环节进行技术改进与创新。其次，传统参数化建模平台技术门槛高、操作复杂、前期投入大，是阻碍技术体系交叉的另一重要因素，因此需要在"参—建分离"系统架构的基础上，进一步提出一系列实现各功能模块的创新方法，提高参数化建模平台的建模效率，降低平台的技术门槛和边际成本。对上述技术的改进和创新，将为三大技术体系的有效交叉融合奠定底层基础。

上述三个交叉途径中，前两者属于研究思路中的框架层，后者属于技术方法层[①]。

3.3　重构：城市建筑群三维重建的"三元交叉框架"

3.3.1　新框架的构建目标

新框架的构建目标包括"量变"和"质变"两个方面：

---

① 框架层、技术方法层的定义请参见本书第 2.4.2 小节相关内容。

（1）构建一套在建模方式、建模效率、模型精度等方面适用于大尺度城市建筑群的三维重建新框架，在服务对象上实现由"建筑单体、组团"到"建筑群"的"量变"。

（2）构建一套集目标识别、参数化建模、三维重建三大技术体系于一体的"三元交叉"框架，在成本、效率、技术门槛等整体性能方面实现飞跃性"质变"。

3.3.2　新框架的构建原则

1. 科学性原则

进入信息化时代以来，社会各领域纷纷建立了个性化的数字城市三维信息平台，并以此作为管理和决策的依据。决定平台成败的关键因素之一在于城市三维空间模型的精确性和时效性，不精确或过时的空间信息将误导管理和决策者，给社会各方面造成不必要的损失。而要确保来自社会各领域、具有不同知识和技术背景的用户均能获得精确、即时的城市三维空间模型，必须建立一套非常科学、严谨的技术框架和操作流程。因此，科学性是框架构建的必要原则之一。

2. 易用性原则

在构建城市建筑群三维重建技术框架之初，便应充分考虑到使用者的接受程度，对技术门槛高、操作复杂的部分应实行功能集成与封装，尽可能选择简单、易用的技术方法，降低整套解决方案对用户知识水平、技术水平和专业特长的要求，使之成为一套面向大众的理想解决方案。

3. 经济性原则

由于城市建筑群三维重建涉及的空间范围广、数据量大，在基础数据获取、模型制作、信息更新、系统维护等方面的经济开销较大，这已成为制约当前数字城市三维信息平台建设的重要因素之一。因此，在构建整体技术框架时，必须充分考虑经济因素，从资金成本、人力成本、时间成本等多方面力求做到成本最小化和效益最大化。

3.3.3　"三元交叉框架"的构建

本章第 3.2 节给出了三大技术体系交叉融合的途径：①从"体系间"出发建立宏观整体框架；②从"体系内"出发建立中观子框架；③从"内部技术"出发构建底层基础。本节在上述分析的基础上，对前两者作了进一步深化[①]：从宏观层

---

① 对于第三点——"内部技术"的深化属于技术方法层，需建立在框架层（即"三元交叉框架"）已形成的基础上，因此本书将其安排在第 4 至第 7 章进行详细论述。

面构建了"建筑群三维重建整体框架",从中观层面构建了"建筑群目标识别子框架"和"建筑群参数化建模子框架"。整体框架与子框架之间紧密联系、缺一不可,共同构成了完整的城市建筑群三维重建"三元交叉框架"。

1. 建筑群三维重建整体框架

建筑群三维重建整体框架突破了体系壁垒,透过体系间元素的有效组织、连接,形成了一套完整的、三元交叉的框架体系(见图 3-5)。该框架首先,将(高空间分辨率)遥感影像输入建筑物目标识别技术体系,经过像元级、基元级和目标级处理后,获得建筑物三维重建技术体系中的建筑轮廓、高度层数要素,而建筑纹理、建筑样式、其他相关参数等要素则通过其他资源或技术手段获得(从下面对建筑群参数化建模子框架的介绍可以看到,这些要素可通过调用规则库、贴图库、风格库获得,非常方便)。其次,将建筑轮廓以图形的形式传入建筑物参数化建模技术体系,高度层数、建筑样式、其他相关参数以参数的形式传入,建筑纹理库以纹理的形式传入(从下书对建筑群参数化建模子框架的介绍可以看到,纹理、样式以规则库的形式封装在自动建模模块内,并不需要用户自己传入)。这些传入的数据最终由参数化建模技术体系中的驱动机制自动、快速地生成城市建筑群三维模型。

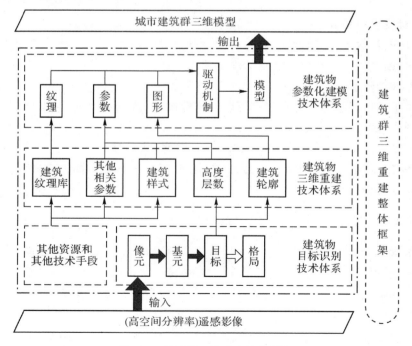

图 3-5　建筑群三维重建整体框架

由上述流程可见,在建筑群三维重建整体框架下,三大技术体系间已经形成了一个紧密连接、流程清晰、分工明确、目标一致的统一整体。还可以发现,建筑物目标识别和参数化建模两大技术体系在整体框架中承担了实质性任务,而建筑物三维重建技术体系只起到中间衔接作用,这说明本书所提的整体框架并不需要借助建筑物三维重建的传统技术手段,这也是为什么本书没有为建筑物三维重建技术体系构建子框架并对其原有技术进行改进的原因。

从本质上看,整体框架仅仅是一种交叉思路的示意,一个指导性的流程,该流程并不能真正付诸实施。整体框架的核心价值在于对三大技术体系间关系的梳理,对于体系内部结构,还需要作进一步改进和创新,构建新的子框架,才能实现整个流程的畅通、体系内部的最优化,实现真正意义上的"三元交叉"。这就是城市建筑群三维重建"三元交叉框架"需要由整体框架和子框架共同构成的原因。

2. 建筑群目标识别子框架

建筑群目标识别子框架对原有技术体系作了深化,采用面向对象的思路,形成了一条"影像分割(像元级)—矢量化及基元分类(基元级)—矢量图形优化(基元、目标级)—三维信息提取及坐标修正(目标级)"的处理流程(图 3-6)。首先,通过高效、精确的分割算法将遥感影像划分为一系列有意义的区域,实现从离散栅格数据到分割区域群的转换;其次,矢量化分割区域获得矢量基元,提取各基元的影像和矢量特征,并根据特征进行基元分类,获得目标建筑基元;再次,利用矢量图形优化算法对建筑基元进行边界优化,得到逼近真实轮廓的规则形态;第四,通过一定算法从二维遥感影像中提取建筑基元的三维信息(高度、层数),并修正坐标误差;最后,将提取的建筑基元与三维信息以指定的存储

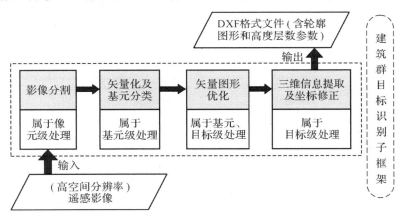

图 3-6　建筑群目标识别子框架

格式保存为 DXF 文件。

由上可见,建筑群目标识别子框架是从处理流程的角度对原有体系作了改进和创新:首先,采用面向对象思路、以"影像分割—矢量化及基元分类—矢量图形优化—三维信息提取及坐标修正"为主线的处理流程,具有更强的通用性和鲁棒性,将更适用于类型复杂多样的城市建筑群的目标提取,且能够保证更高的精度和效率;其次,识别结果最终以指定的存储格式输出,为与建筑群参数化建模子框架的衔接提供了条件。

从本质上看,建筑群目标识别子框架是对整体框架中的建筑物目标识别技术体系内部流程作了改进和深化,使整体框架中目标识别部分的指导性流程变得更具有可操作性。但是要真正实现即时、高效、廉价地从遥感影像提取出建筑群基础数据,还需要对该子框架处理流程中的关键环节作技术改进和创新。因此本书第 4 到第 6 章将分别针对影像分割、矢量图形优化、三维信息提取及坐标修正这三大环节提出一系列具有创新性的方法,而矢量化及基元分类环节,由于其现有方法已较为成熟,故不在本书讨论范围之内。

3.建筑群参数化建模子框架

建筑群参数化建模子框架对原有体系内部元素作了更大幅度的重组、整合,形成了参数管理、服务网站、自动建模这三个功能相对独立、彼此间又紧密关联的功能模块(见图 3-7)。其中,参数管理模块负责图形与参数的关联、参数编辑等任务,由建筑群目标识别子框架输出的 DXF 文件以及建筑样式和其他相关参数首先被导入参数管理模块。服务网站模块主要负责风格维护和项目传输,用户可以从服务网站获取风格代码,并将其作为参数关联到图形中去,然

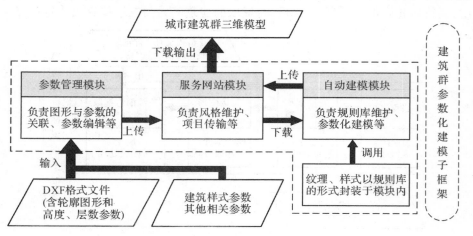

图 3-7　建筑群参数化建模子框架

后将编辑好的文件通过服务网站上传到服务端。自动建模模块主要负责规则库维护、参数化建模任务。规则库是一个定义各种建模规则的文法化脚本书件集合,它将纹理、样式封装其中,供自动建模模块随时调用。当用户将文件上传到服务端后,自动建模模块会自动下载获取到该文件,并启动自动建模流程,最后将生成的三维模型文件上传到服务网站供用户下载。

对比该子框架和参数化建模技术体系可以发现,两者差别较大,原有的"纹理—参数—图形—驱动机制—模型"体系要素在子框架中并未出现。事实上,它们依然存在,只是被重新组织并封装在了新模块中,例如纹理、驱动机制、模型要素被封装在自动建模模块内,参数、图形被封装在参数管理模块内。之所以要进行如此大幅度的调整,是因为三大新模块之间形成了一种具有创新性的"参—建分离"系统架构。在这种架构下,用户只需负责参数管理、上传待处理文件和下载三维模型即可,复杂的参数化建模任务则由位于远程服务端的自动建模模块自动完成。该架构将大大降低了参数化平台的技术门槛、大幅降低边际成本、提高建模效率,为参数化技术广泛、快速普及提供了新的发展思路。

从本质上看,建筑群参数化建模子框架是从系统架构角度对整体框架中的原有技术体系作了一次重大突破和创新,使低门槛、高效率的参数化建模成为可能。但要真正实现建模功能,还需要对"参—建分离"的系统架构作进一步扩展和深化,并对参数管理、服务网站、自动建模三大模块中的核心技术问题进行攻关,本书第 7 章将对此展开详细论述。

3.4　本章小结

本章采用了"从解构到重构"的框架分析与构建思路:

首先,对建筑物目标识别、参数化建模、三维重建三大技术体系进行了深度解构,深入分析了各体系的内部组成要素、结构关系、功能分工和技术优劣势等内容,并指出当前三大体系形成缺乏交叉的"二元并行框架"的主要原因在于:①研究侧重点的不同;②应用领域的差异;③技术体系的封闭与不足。

其次,通过对技术联合体的构成、主线以及"二元并行框架"的成因分析,得出实现三元交叉的可行途径在于:①对于体系间,梳理体系间的元素关系,寻找连接点,构建整体框架;②对于体系内,重组和整合体系内元素,寻找最佳方法,构建子框架;③对于内部技术,改进与创新,探寻最优解,为体系交叉奠定底层基础。

最后,明确了新框架的构建目标与原则,并通过体系重构,构建了城市建筑群三维重建的"三元交叉框架"。该框架由建筑群三维重建整体框架、建筑群目标识别子框架和建筑群参数化建模子框架组成。整体框架的核心价值在于对三大技术体系间关系的梳理,使三者成为一个紧密连接、流程清晰、分工明确、目标一致的统一整体。建筑群目标识别子框架从处理流程的角度对原有体系作了改进和创新,使整体框架中目标识别部分的指导性流程变得更具可操作性。建筑群参数化建模子框架对整体框架中原有技术体系作了一次重大突破和创新,形成了"参—建分离"的系统架构,使低门槛、高效率的参数化建模成为可能。

本章内容属于研究思路中的框架层,将为本书后续针对技术方法层的改进与创新(第 4 至第 7 章内容)提供理论支撑和方法指导。

第4章 面向城市建筑群的遥感影像分割

4.1 影像分割概述

4.1.1 相关概念

1.影像

本书所指的影像（Image）均为数字影像，由有限大小的像素组成，像素反映了影像特定位置处的光谱信息，像素也称像元。在本书中，影像与图像为同一概念，在遥感领域通常使用前者。

2.影像分割

影像分割（Image Segmentation）是把影像空间分成一些有意义的区域的过程。通常要求得到的每个区域内部具有某种相似或一致的属性，同时任意两个相邻区域之间不具有这种属性（阮秋琦，2001；章毓晋，2001）。

3.分割单元

影像空间划分成的区域就是分割单元（Segment），在本书中也称区域。

4.1.2 常见的分割方法

影像分割是影像分析领域的重要研究方向，分割算法的研究多年来一直受到人们的高度重视，至今已提出了上千种算法，常用的可大致划分为八类：①直方图阈值法（Littmann E 等，1997；Cheng H D 等，2001；林瑶等，2002），包括单阈值分割和多阈值分割；②特征空间聚类法（王爱民等，2000；付斌，2006），包括硬聚类（如 K-均值聚类法、模糊 K-均值聚类、ISODATA 聚类）、概率聚类、模糊聚类等；③基于区域的分割方法（Tremeau A 等，1997；林瑶等，2002）；④基于边缘检测的分割方法（Hueckel M H，1971；Carron T 等，1994）；⑤基于模糊集理论的方法，常见的有模糊阈值分割方法、模糊聚类分割方法、模糊连接度分割方法等（林瑶等，2002）；⑥人工神经网络法，常用的有 Hopfield 神经网络（Rout S

等,1998)、细胞神经网络(Vilarino D L 等,1998)、概率自适应神经网络(Wang Y 等,1998)等;⑦基于数学形态学的方法(宋世军等,2007),如分水岭分割;⑧基于小波变换法(张莎莎,2006)。

其中,较为经典和常用的是基于区域的分割方法,其基本思想是将具有相似特性的像元逐渐集合起来构成区域。该类方法包括区域增长、区域分裂、区域合并以及综合型方法。区域增长方法(Sandor B T 等,1991;Adams R 等,1994;Tremeau A 等,1997;尹平等,1998)从若干种子点或种子区域出发,按照一定的增长准则,对邻域像元进行判别并连接,直到完成所有像素点的连接(王爱民等,2000)。区域增长法的实现较为简单,但依赖于种子点的选取和邻域搜索的顺序(Cheng H D 等,2001;李洪艳等,2010)。区域分裂方法以整幅影像作为起始种子区域,若其同质性程度较差,则种子区域会被分裂成四个矩形子区域,这些子区域又成为新的种子区域。不断重复上述过程,直至所有的子区域都具有较高的同质性。合并方法常常与区域增长、区域分裂方法结合应用,对于分裂合并方法,区域先从整幅影像开始分裂,然后将相邻的同质区域进行合并。

4.1.3 存在的问题

从技术角度来讲,到目前为止虽然已经发展出了多种分割算法,但仍不同程度存在缺陷,例如,直方图阈值法虽然简单,但仅考虑了影像的灰度信息,忽略了空间信息,抗噪声能力较差,区域的连续性难以得到保证;特征空间聚类法的计算量较大;区域增长法对种子像元的依赖性较大;基于边缘检测的分割方法对噪声敏感,难以保证区域内部同质性,且不能产生封闭的区域轮廓;基于模糊集理论的方法通常需要人工事先给定类别数量,而其分割结果对于类别数非常敏感等。

从影像类型角度来讲,相较于一般影像,遥感影像(特别是城市区域的高空间分辨率遥感影像)具有大数据量、多尺度、多波段、宽覆盖、地物类型复杂多样的特点,这对传统分割方法而言是非常大的挑战。目前针对遥感影像的分割研究,主要存在以下问题:①大部分研究针对 SAR 影像和中、低分辨率影像,完全针对高空间分辨率遥感影像的研究较少;②分割主要依靠影像的光谱信息,难以综合考虑高空间分辨率遥感影像中地物的光谱、形状、纹理等丰富特征;③未考虑遥感影像的多尺度特性;④多数方法计算量大、运算速度慢,无法满足海量遥感影像快速处理的需求。

相较于一般影像分割,面向城市建筑群的遥感影像分割在精度和效率方面具有更高的要求。为此,本章以城市区域高空间分辨率遥感影像的分割方法为研究对象,针对传统区域合并分割方法难以综合考虑波谱、形状、纹理等多种地物特征以及遥感影像的多尺度特性,邻接关系表和等级队列中存在大量冗余链接的问题,提出了面向对象的多尺度区域合并分割方法;针对传统区域合并方法中等级队列自身结构有局限,检索和排序的运算开销大、效率低的问题,提出了基于量化合并代价的快速区域合并分割方法。

4.2　面向对象的多尺度区域合并分割方法

4.2.1　概　述

在目前主流的影像分割方法中,区域合并与其他技术相结合的综合型方法,在降噪、避免过分割等方面具有明显优势,因此被广泛采用。如叶齐祥等(2004)采用了颜色量化与区域合并相结合的方法,张平等(2006)采用了影像预处理、分水岭分割、区域合并多技术相结合的方法,均得到了较理想的分割结果。

传统的区域合并方法通常用一种被称为区域邻接图(Region Adjacency Graph,RAG)(Wu X,1993;Haris K 等,1998)的数据结构来存储和表达分割状态。RAG 是一个无向图(Undirected Graph),可表示为 $G = (V, E)$,其中 $V = \{1, 2, \cdots, K\}$ 是 k 个节点的集合,E 是 k^2 个邻接链的集合。每个区域被表示成 RAG 中的一个节点,两个具有邻接关系的节点 $i, j \in V$ 之间存在一个邻接链 (i, j)。此外,还需要一个等级队列(Hierarchical Queue,它是一种按照一定规则排序的区域邻接链表),用于按照区域相异度的大小顺序依次保存所有邻接链。这种基于过程的处理方法存在以下缺点:①数据结构复杂,合并算法实现起来难度较大,同时可读性和可维护性也较差;②数据和过程的分离使算法难以扩充和修改,难以适应不断变化的应用需求;③数据结构与算法的复杂性导致其在计算相异度指标[①]时通常仅考虑简单的波谱特征,难以将形状、纹理等复杂特征纳入,导致分割精度不理想;④邻接关系表中包含大量实际不存在的虚拟链接,并且随着合并的进行其数量不断增加,造成空间上的大量浪费;⑤等级队列中存在大量冗余链接,影响整体合并效率。

为了解决上述问题,本书提出了一种面向对象的多尺度区域合并分割方法。该方法并非局限于特定的指标和算法流程,而旨在提供一套采用面向对象

---

① 相异度指标又称区域异质性、区域距离或合并代价指标,是对影像分割区域之间的相异性或相似性程度的定量化描述。

技术解决区域合并分割问题的新框架。在该框架下,每一个区域都被封装成一个包含属性、邻接关系和相关行为的独立对象,对象的属性和行为可根据需要自由定义、扩充和修改。对象之间通过互传信息、调用内部操作来完成合并,合并过程被充分简化。图 4-1 显示了传统采用 RAG 的区域合并法(以下简称 RAG 方法)与本书方法在设计思路上的区别。

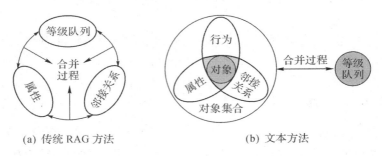

(a) 传统 RAG 方法　　　　　　　(b) 文本方法

图 4-1　两种方法的设计思路对比

本书所提方法的流程由三部分组成:输入层、处理层和输出层(见图 4-2)。输入层是整个方法的应用接口,用户可根据需要自由定义尺度集、相异度指标和区域对象(类),并可采用不同方法得到初始过分割的标号影像[1],以满足不同的分割需求。处理层是核心部分,它首先根据上述定义,在过分割标号影像基础上构建区域对象;然后生成对象集合,并依据三个必要条件(下面对此有详细论述)构建等级队列,此后即可进行合并处理;最后分别输出每个尺度的合并结果。下书将对该流程中的各个步骤作详细阐述。

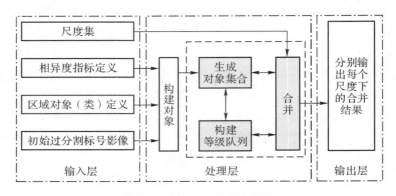

图 4-2　本书方法的框架结构

---

　①　本书将分割单元内所有像元用相同 id 标记、不同分割单元之间 id 互不相同的分割影像称为标号影像。标号影像一般采用连续整数作为 id 来标记不同的分割单元。

4.2.2　面向对象的多尺度区域合并

1.区域相异度指标的定义

区域相异度,又称区域异质性、区域距离或合并代价,该指标直接决定着对象属性和行为的定义、合并的顺序以及影像的最终分割结果。因此,在定义区域对象之前必须选择合适的相异度指标。比较常见的有基于波谱特征的指标(Erlandsson F 等,2000;陈秋晓,2004)、融合边缘和颜色信息的指标(叶齐祥等,2004)、考虑区域纹理特征的指标(陆丽珍等,2004;陈秋晓等,2006)等。在本书方法所提供的框架下,用户可以根据不同的影像类型和分割需求,自由组合多种地物特征,形成各式的区域相异度指标。这里以综合了波谱和形状特征的相异度指标为例,其定义公式如下(Definiens,2009):

$$f = w \cdot h_{\text{color}} + (1 - w) \cdot h_{\text{shape}} \tag{4.1}$$

$$h_{\text{color}} = \sum_c w_c \cdot (n_{\text{merge}} \cdot \delta_c^{\text{merge}} - (n_{\text{obj1}} \cdot \delta_c^{\text{obj1}} + n_{\text{obj2}} \cdot \delta_c^{\text{obj2}})) \tag{4.2}$$

$$h_{\text{shape}} = w_{\text{cmpct}} \cdot h_{\text{cmpct}} + (1 - w_{\text{cmpct}}) \cdot h_{\text{smooth}} \tag{4.3}$$

$$h_{\text{smooth}} = \frac{n_{\text{merge}} \cdot l_{\text{merge}}}{b_{\text{merge}}} - \left(\frac{n_{\text{obj1}} \cdot l_{\text{obj1}}}{b_{\text{obj1}}} + \frac{n_{\text{obj2}} \cdot l_{\text{obj2}}}{b_{\text{obj2}}} \right) \tag{4.4}$$

$$h_{\text{cmpct}} = \frac{n_{\text{merge}} \cdot l_{\text{merge}}}{\sqrt{n_{\text{merge}}}} - \left(\frac{n_{\text{obj1}} \cdot l_{\text{obj1}}}{\sqrt{n_{\text{obj1}}}} + \frac{n_{\text{obj2}} \cdot l_{\text{obj2}}}{\sqrt{n_{\text{obj2}}}} \right) \tag{4.5}$$

式中:$f, h_{\text{color}}, h_{\text{shape}}$ 分别为综合异质性、波谱异质性和形状异质性;w 为波谱权重;w_c, δ_c 分别为 c 维度下的权重和标准差;n 表示区域面积(通常指包含的像素个数);$h_{\text{cmpct}}, h_{\text{smooth}}$ 分别为紧质性和光滑性参量;w_{cmpct} 为紧质性权重;l 为区域周长;b 为区域外接矩形的最短边长。

2.区域对象的定义和构建

区域对象定义的好坏将直接影响合并效率。依据面向对象技术数据与过程相分离的特性,将区域对象分成对象属性、对象行为两部分单独定义。本书结合区域合并的特点将对象属性概括为以下四大类,其中列举的具体参量以式(4.1)中所述的相异度指标为例:

(1)直接物理属性,例如综合异质性 f、紧质性 h_{cmpct}、光滑性 h_{smooth}、外接矩形最短边长 b、标准差 δ_c、周长 l、面积 n 等。

(2)间接物理属性,例如最小 $x(y)$ 坐标、最大 $x(y)$ 坐标,以及波谱特征向量的平方和、平均值、总和。

(3)邻接属性,例如保存邻接关系的数据结构。

(4)辅助属性,例如区域唯一标识号 id、最小相异度邻接链在邻接属性中的序号。

其中,直接物理属性可根据区域相异度指标的定义公式直接获得。间接物理属性是为了求取直接物理属性而增设的参量,如最小和最大 $x(y)$ 坐标用于计算外接矩形的最短边长 b,波谱特征向量的三个参数用来计算标准差 δ_c。另外,邻接属性用于记录对象的所有邻接关系,辅助属性是为了某些特殊目的(如提高合并效率)而设置的参量。

我们将对象行为归纳为三大类:①对象的自我构建;②合并时的自我更新;③获取自身的各种属性值。其中,第一类行为是给对象属性赋值的过程,即初始化对象的所有属性参量;第二类行为是在合并过程中对对象属性的更新操作;第三类行为是为外界提供访问对象属性的途径。

除了上述定义之外,还需要输入一个初始过分割标号影像,其特征在于属于同一个连通区域的像元具有相同且全局唯一的标识 id。现有的绝大多数分割方法只要阈值设置恰当,均可获得此类过分割标号影像。

至此输入层已准备完毕,下面开始构建区域对象,其具体步骤如下:

(1)在初始过分割形成的标号影像基础上,调用对象内部的自我构建行为,对每个具有相同 id 的连通区域进行如下操作:

①首先对能直接从影像获得的部分属性进行初始化,如面积 n、周长 l、最小和最大 $x(y)$ 坐标等,并记录对象的邻接关系。

②根据上述已求得的属性初始化其他属性,如波谱异质性 h_{color}、光滑性 h_{smooth}、紧质性 h_{cmpct} 等。

(2)根据式(4.1)计算各邻接链的相异度 f 和辅助属性。

(3)完成所有对象的构建,并将所有区域对象按其 id 的升序存入对象集合。

由上可见,本书提出的面向对象的多尺度区域合并分割方法,在定义相异度指标和区域对象时,具有充分的灵活性,可以根据不同的应用需求,将光谱、形状、纹理及其他特征整合到相异度计算公式和区域对象属性中,从而提高影像分割的准确性。

3.等级队列的机制优化

等级队列的作用是将待合并的邻接链进行存储和实时排序,通常是按照链接的相异度数值从小到大排列。每次合并,算法总是取队列的第一个邻接链进行处理,这就保证了任何一次的合并总能得到全局最优解。

由于存储、排序需消耗大量内存空间和运算量,因此等级队列准入机制的好坏将直接影响整个合并算法的效率。传统 RAG 方法将所有邻接链都加入队列,执行效率并不理想。Haris 等(1998)采用了一种被称为最近邻接图(Nearest Neighbor Graph,NNG)的数据结构,该结构只将两节点互为最近邻接的循环邻接链(NNG-cycle)加入队列,在一定程度上提高了效率,但提升幅度有限。

　　为了找到上述问题的症结所在,下面将以图 4-3 为例进行分析。整个图由编号为 A~I 的 9 个区域对象组成。因为一对相邻区域可形成相异度数值相同、方向相反的两个邻接链,例如区域 E,F 具有(E,F)和(F,E)两个邻接链,易知整个图形的邻接链总数为 34 个(即图中虚线箭头的总数)。现将所有 34 个邻接链都放入队列,且假设邻接链(A,B)的相异度最小(即排在队列第一个),那么合并开始后会出现如下两种情况:

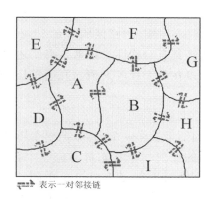

图 4-3　区域对象邻接关系

　　(1)(A,B)的相异度大于等于阈值,则不进行合并,整个过程结束。

　　(2)(A,B)的相异度小于阈值,则进入如下步骤:

　　①A,B 两区域对象进行合并,此时队列中的另一个对称邻接链(B,A)已失效,必须予以删除。

　　②由于 A,B 合并成了一个新对象,邻接关系和相异度数值均需更新,因此队列中所有与原 A、B 对象相关的 9 个邻接链均失效,须删除,它们分别是(A,C)、(A,D)、(A,E)、(A,F)、(B,C)、(B,F)、(B,G)、(B,H)、(B,I)。

　　其中,情况(1)表明相异度数值大于等于阈值的邻接链并不会被合并,因此不必放入队列。情况①表明编号相同、方向相反的两个邻接链只需选一个放入队列即可,否则也会造成浪费。对于情况②,由于(A,B)、(B,A)是全局相异度最小的邻接链,那么它们必然也是 A,B 各自拥有的邻接链中相异度最小的,这说明只有两个区域互为最小邻接(即循环链接)时,这对邻接链才需放入队列,其他邻接链均不必放入。由此可见,并不是所有的邻接链都会实际参与合并,很大一部分邻接链或者不被处理,或者在中间过程被删除或更新,这就造成了内存和运算上的极大浪费。

　　通过上述分析可以发现,运用 NNG 结构的方法(以下简称为"NNG 方法")虽然在 RAG 方法的基础上增加了循环邻接链这一必要条件,但却未考虑到像

以上情况(1)、①中所述的问题。对此,本书提出了允许邻接链排入等级队列的三个必要条件:

①该邻接链的相异度必须小于当前尺度下的相异度阈值(针对情况(1))。

②对于加入队列的任意邻接链(X,Y),区域 X 的 id 必须小于区域 Y 的 id(针对以上情况①)。

③被放入队列的邻接链,其相应的区域对象必须是互为最小邻接的,即为循环邻接链(针对以上情况②)。

其中,第二个必要条件亦可定义为"区域 X 的 id 必须大于区域 Y 的 id",其结果是一样的,因为邻接链具有对称性。依据本书所述的三个必要条件进行等级队列的构建和维护,可以在很大程度上消除冗余链接,减小队列长度,提高合并效率。

4. 多尺度区域合并

如果把初始过分割的结果看作一个起点,把整个影像合并成一个大区域看作终点,那么合并过程中的任何一个状态都对应一个合并尺度,用户设置尺度集的实质就是选择若干个中间状态,而且这几个中间结果之间具有精确的层次关系。基于此构想,本书针对传统影像分割方法未考虑遥感影像多尺度特性的问题,设计了如下多尺度区域合并流程:

(1)得到区域对象集合和尺度集 $S = \{s_1, s_2, \cdots, s_m\}$,其中 $s_i < s_j (1 \leqslant i < j \leqslant m)$, m 为尺度个数。

(2)从 S 取出当前未处理的最小尺度作为合并阈值,并从区域对象集合中将所有满三个必要条件的邻接链取出并按相异度的升序插入等级队列。

(3)不断合并等级队列的首个邻接链,直至等级队列中的元素个数为 0。

(4)将合并后的新区域对象集合映射成新的标号影像并输出,完成当前尺度下的区域合并。

(5)重复步骤(2)—(4),直至处理完所有尺度,即完成多尺度的区域合并。

其中,单个邻接链的合并是整个过程中的关键点所在,它在传统 RAG、NNG 方法中也是最为复杂的一步。由于本书方法在对象内部封装了大部分的合并操作,合并时外部只需调用相关接口而不必关心内部具体的实现算法,整个流程得到了充分简化,其主要步骤如下:①获取首个邻接链(X,Y)并将之从等级队列中删除;②由 X′继承合并产生新区域的所有属性信息;③删除对象集合中的 Y 对象;④更新所有与 X′相邻的区域的邻接关系,若其中存在满足三个必要条件的邻接链,则将其按序插入等级队列。

通过上述方法,即可得到多个尺度下的(区域合并)分割结果,而且各尺度之间保持分割单元边界的精确对应关系和地物的层次关系。这为我们从同一景影像中提取不同尺度、不同层次和类别的地物目标提供了条件。

4.2.3 实验结果与分析

本书将某城区经过过分割的高分辨率 QuickBird 遥感影像的标号影像作为实验对象(由图 4-4(a)经过过分割得到,其区域单元数目为 7582 个),在 CPU 主频 3.00GHz、内存 2GB 的计算机上,采用本书所述方法和传统 RAG、NNG 方法作对比实验。为保证可比性,实验使用了相同的异质性指标(这里采用了如本书第 4.2.2 节中所述的异质性指标,w 取 0.9,w_{cmpct} 取 0.5)、相同的分割尺度和等级队列优先级。由于三种方法在设计思路、执行效率上的差异并不会影响区域对象的合并顺序,因此在各种不同尺度下,三者均得到了基本相同的合并结果。图 4-4(b)、(c)和(d)展示了 1500 尺度下三者的合并结果,从目视来看,三者都达到了较好的分割效果。

(a) Quickbird遥感影像(1000×1000像素)

(b) RAG方法得到的结果

(c) NNG方法得到的结果

(d) 本书方法得到的结果

图 4-4 三种方法的合并结果(尺度为 1500)

表 4-1 记录了三种方法在不同尺度下的执行效率。其中,等级队列初始长度是指对应尺度下等级队列的初始邻接链个数。由表可见,在同一尺度下,RAG 方法的队列长度最长,NNG 次之,本书方法最短。这是因为 RAG 方法将所有存在的邻接链都插入队列,NNG 只将循环邻接链加入其中,而本书按照等级队列准入的三个必要条件,使得队列长度大大缩短,其长度仅为 RAG 的 $1\% \sim 10\%$、NNG 的 $40\% \sim 50\%$。

表 4-1   区域合并执行效率比较

尺　度	RAG		NNG		本书方法	
	等级队列初始长度(个)	时　耗(s)	等级队列初始长度(个)	时　耗(s)	等级队列初始长度(个)	时　耗(s)
500	20694	8.820	4050	2.563	2017	1.968
1000	17506	4.993	1244	1.556	557	0.107
1500	15982	4.486	638	1.190	296	0.094
2000	13067	3.921	397	0.885	194	0.062
2500	10269	3.490	208	0.539	101	0.047
3000	8903	3.173	110	0.278	51	0.031
总时耗		28.833	—	7.011	—	2.309

在最小尺度 500 时,三者所耗时间均占到各自总时耗的 $30\% \sim 85\%$,这是因为三种方法均需在合并前进行相关数据结构的构建和数值初始化操作,但此后的合并就可直接利用前一尺度得到的结果而不需重新构建和初始化,故后面的合并速度会提高。由总时耗可以得到,NNG 方法的执行效率是 RAG 方法的 4 倍多,而本书方法的执行效率是 RAG 方法的 12 倍多。

上述实验从分割效率角度出发,证明了本书所提出的等级队列准入的三个必要条件,能够在保证分割精度的情况下,最大限度地缩短等级队列长度,显著提高合并速度。

4.3　基于量化合并代价的快速区域合并分割方法

4.3.1　概　述

等级队列的构建、检索和排序,是区域合并方法中的关键环节,直接影响区

66

域合并的效率。传统区域合并方法在该环节上通常存在以下问题：①等级队列中含有大量冗余邻接链，造成大量额外内存和计算开销；②队列始终按照链接的合并代价（也称相异度）大小排序，造成合并过程中大量检索和排序的时间开销；③受队列自身结构和性能的局限，检索和排序时通常需进行大量的比较运算，合并效率较低。

对此，相关学者提出了改进意见。Haris 等（1998）从缩短等级队列的长度考虑，提出只有当两个邻接区域互为最近邻接，即对应链接为循环邻接链时，才可插入等级队列。该方法虽大幅缩短了队列长度，但队列中仍有不少冗余链接。陈秋晓（2004）从优化等级队列的自身结构考虑，采用 MFC（Microsoft Foundation Class）中的 CArray 类构建等级队列，它类似于一维动态数组。由于 CArray 类无法进行自动排序和一对一快速检索，所以合并效率提高有限。

事实上，除了上述两个方面，优化等级队列的排序和检索机制对于提升合并效率也能起到非常大的作用。其中，通过大量实验分析我们发现，对于一组合并代价非常接近的邻接链，忽略其合并次序对于最终分割结果的影响非常有限，因为最终这些链接通常都会被合并到一起，却可以节省大量排序时耗。为此，本书综合上述三个方面，提出了一种基于量化合并代价的快速区域合并分割方法，较传统合并方法主要有以下三点改进：①从缩短等级队列长度出发，提出了加入等级队列的严格限定条件（与本书第 4.2.2 节的内容相同，本节不再赘述），以最大限度地消除冗余邻接链；②从优化等级队列排序和检索的机制出发，对需插入队列的链接按照合并代价进行量化，将代价接近的链接归为一类，同类之间无需排列，即通过适当降低排序精度来提高合并速度；③从优化等级队列自身结构出发，采用 STL 中的 MAP 类构建二维动态等级队列，利用 MAP 类高效的检索、自动排序能力来提高合并效率。

本书所述基于量化合并代价的快速区域合并分割方法，其主要流程如图 4-5 所示。首先，在过分割的标号影像基础上构建区域邻接图 RAG（Haris，K 等，1998）。这里的标号影像可以通过分水岭变换、均值漂移、聚类等多种分割方法得到。其次，从 RAG 中找到所有满足本书所述三个限定条件（参见本书第 4.2.2 节相关内容）的邻接链，对其合并代价进行量化，使代价接近的链接归为一类，同类之间无需排列。再次，将量化后的邻接链按照一定规则插入到由 MAP 类构建的二维动态等级队列中。最后，在 RAG 和 MAP 队列基础上进行合并操作，得到最终分割结果。下面将对合并代价量化、基于 MAP 类的等级队列构建两个关键环节展开论述。

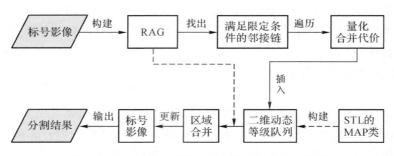

图 4-5　基于量化合并代价的快速区域合并流程图

4.3.2　基于量化合并代价的快速区域合并

1.合并代价的量化

量化的目的是使代价非常接近的邻接链归为一类，而同类之间无需排序，即通过适当降低排序精度来提高合并速度。由于在区域合并过程中，区域邻接链的合并代价总是不断变化，其总体分布区间也会随着区域平均面积的增大而增大，并且难以预测，所以量化的规则必须简单，并且能够适应不同的数值范围。为此，本书提出了一种简便易行的量化规则：[Cost/Interval]。这里的Cost 代表合并代价，其定义如式(4.6)；Interval 表示代价间距——同类合并代价之间的最大差别，其定义如式(4.7)；[ ]表示将数值类型从浮点型转化为整型（非四舍五入，而是直接去除小数部分）。其具体量化步骤如下：

(1)将 $0 \sim T$(T 为合并代价阈值)范围按照 Interval 间距等分，得到 $n = [(T + \text{Interval})/\text{Interval}]$ 个不同类别。易知第 i 个类别的合并代价取值范围为 Interval $\times i \sim$ Interval $\times (i + 1)$ ，$(0 \leqslant i < n)$。

(1)对每个需插入队列的链接作[Cost/Interval]量化处理，按其量化值大小归到相应类别中。同类链接按照先进先出原则处理，不作排序。

(2)合并过程中产生的新链接，如需插入队列，则参照步骤(2)处理。

在量化规则中，Interval 主要用于控制分割精度。Interval 取值越大，则类别数越少，同类中的邻接链越多，也就是有更多的链接无需排序，合并速度就越快，但分割精度会相应降低。反之，则合并速度越慢，分割精度越高。

$$\text{Cost} = c \sum_b \frac{w_b}{S} \left[n_{\text{meg}} \cdot \delta_b^{\text{meg}} - (n_{\text{rgn1}} \cdot \delta_b^{\text{rgn1}} + n_{\text{rgn2}} \cdot \delta_b^{\text{rgn2}}) \right] \qquad (4.6)$$

$$\text{Interval} = 10^N \qquad (4.7)$$

其中，w_b，δ_b 分别表示 b 波段的权重和该区域在 b 波段的标准差；n 是这个区域所包含的像素数量；rgn1，rgn2 是被合并的两个区域；meg 是指前两个区域合并生成的新区域；S 是整个影像所包含的像素总量；c 为缩放系数，用于控制合并代价的数量级。在本书的所有实验中，c 取 100000，而且每个波段采用相同的权重；N 表示量化级别。

2. 基于 MAP 类的等级队列

等级队列的自身结构是另一个影响合并效率的关键因素。陈秋晓(2004)使用了一种类似于一维动态数组的结构，虽然它也是有序队列，但这种有序并非建立在自动排序的基础上，因此在合并过程中，插入和检索操作需要进行大量比较运算。当等级队列长度达到 20000 以上时，这种低效率的队列结构将会严重制约合并速度。

为此，本书提出采用 STL 中的 MAP 类来构造二维动态等级队列。MAP 类是一种关联容器，它的特点是增加和删除节点对迭代器的影响很小，除了操作节点之外，对其他的节点都没有什么影响(吴秦，2010)。MAP 的内部结构为一棵红黑树(一种非严格意义上的平衡二叉树)，这棵树具有对数据自动排序的功能，所以在 MAP 内部所有的数据都是有序的。它提供"一"对"一"的数据处理能力，其中第一个"一"称为关键字 key，每个关键字只能在 MAP 中出现一次，第二个"一"称为该关键字的值 value。利用 MAP 可实现通过若干次甚至一次比较即可快速检索到给定 key 对应的 value 值。

利用 MAP 类的这种特性，并结合区域合并算法的需求，本书构建了如图 4-6 所示的二维动态等级队列。其中，第一维 MAP 的 key 表示合并代价类别，value 为第二维 MAP，用于存储属于当前类的所有邻接链。第二维 MAP 的 key 和 value 则分别对应邻接链中的两个区域标号。由于(A，B)和(B，A)被视为同一链接，因此可限定第二维 MAP 中的所有 key 均小于 value。因为整幅影像中所有区域的标号是唯一的，而且只有循环邻接链才允许放入等级队列，所以避免了第二维 MAP 出现重复 key 的错误。由于 MAP 容器具有自动排序的

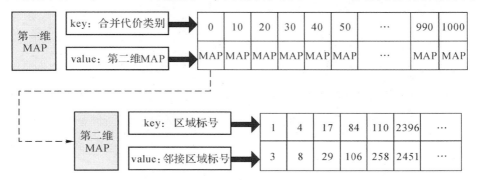

图 4-6　二维动态等级队列的结构

特性,第一维 MAP 始终按照类区间的升序排列,因此只要每次合并都选取第一个类别中的任一邻接链,那么就可以保证合并总是从合并代价最小的类别开始。而要在等级队列中搜索指定链接则只需执行两步检索操作即可:①在第一维 MAP 中根据类别检索到对应的第二维 MAP;②在第二维 MAP 中根据区域标号检索到指定链接。

4.3.3 实验结果与分析

在本研究中,我们选择了一幅包含蓝、绿、红三波段、空间分辨率为 0.6 米的某城区 QuickBird 高分辨率遥感影像作为实验对象(见图 4-7(a))。在合并前,先采用分水岭变换得到了一幅过分割的标号影像,其矢量化效果如图 4-7(b)所示。然后采用传统区域合并方法和本书提出的新方法作了对比实验,最终的分割结果如图 4-7(c)和(d)所示。由图 4-7 可见,利用传统的区域合并方

(a) 一张1000×1000像素的假彩色测试影像

(b) 合并前进行的过分割处理结果

(c) 采用传统方法的合并结果,合并代价
阈值为5000

(d) 采用本书方法的合并结果,代价间距
取10,合并代价阈值为500

图 4-7 区域合并对比实验

法,即严格按照合并代价排序后得到的结果,与利用新合并方法得到的合并结果,差别非常小。

为验证新方法在效率和精度方面的优势,我们作了进一步的对比实验,并得到如图 4-8 和图 4-9 所示的结果。图 4-8 显示了区域数量与合并时耗的关系,由图可以发现,随着影像初始分割区域数量的增加,新方法的合并速度优势会越来越明显,尤其当区域个数达到 70000 时,时耗降幅达到 50% 以上,这对于处理海量遥感影像数据来说无疑具有巨大优势。图 4-9 揭示了代价间距与相对分割精度(Relative Segmentation Accuracy,RAS)之间的关系,其中 RAS 通过以下方法获得:假定传统方法下的分割结果为正确结果,新方法所得结果与之相比较,得到的正确分割的像素百分比即为 RAS。由图可见,随着代价间距的缩小,RAS 逐步提高,当代价间距小于 10 时,RAS 可以保持在 90% 以上的较高水平,该精度已经可以满足大部分应用需求。需要注意的是,本书所有实验中,式(4.6)的参数 c 均取 100000,如果该值改变,合理的代价间距取值范围也会随之改变。

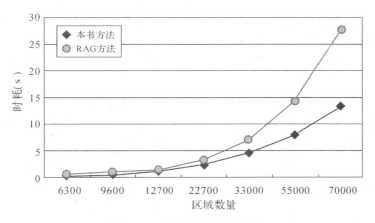

图 4-8   两种方法的效率比较

上述实验结果表明,在选择合适参数的前提下,本书所提出的新方法能够保证较高的分割精度,大幅提高区域合并分割的速度,而且随着影像初始分割区域数量的增加,其合并速度优势会越加明显,这为海量遥感影像的快速处理提供了条件。

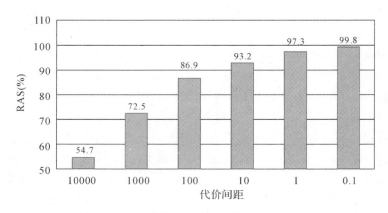

图 4-9　代价间距和相对分割精度之间的关系

4.4　本章小结

影像分割是建筑群目标识别子框架中的关键环节之一,其目的在于将栅格影像分割成一个个具有某种相似属性的小区域,为后续的矢量化和基元分类提供条件。

首先,本章介绍了影像分割的相关概念和常见分割方法,并指出当前影像分割领域存在的主要问题。

其次,本章针对传统区域合并分割方法难以综合考虑波谱、形状、纹理等多种地物特征以及遥感影像的多尺度特性,邻接关系表和等级队列中存在大量冗余链接的问题,提出了面向对象的多尺度区域合并分割方法。该方法旨在提供一套采用面向对象技术解决区域合并分割问题的新框架。在该框架下,每一个区域都被封装成一个包含属性、邻接关系和相关行为的独立对象,对象的属性和行为可根据需要自由定义、扩充和修改。对象之间通过互传信息、调用内部操作来完成合并,合并过程被充分简化。该框架使综合多种地物特征和多尺度分割成为可能,从而有效提高分割精度。此外,该方法还提出了等级队列准入的三个必要(限定)条件,实验结果表明,三个限定条件能够在保证分割精度的情况下,最大限度地缩短等级队列长度,显著提高合并速度。

本章还针对传统区域合并方法中等级队列自身结构有局限,检索和排序的运算开销大、效率低的问题,提出了基于量化合并代价的快速区域合并分割方法。该方法首先从优化等级队列排序和检索的机制出发,对需插入队列的链接按照合并代价进行量化,将代价接近的链接归为一类,同类之间无需排列,即通过适当降低排序精度来提高合并速度;其次从优化等级队列自身结构出发,采用 STL 中的 MAP 类构建二维动态等级队列,利用 MAP 类高效的检索、自动排序能力来提高合并效率。实验结果表明,在选择合适参数的前提下,该方法不仅能够保证较高的分割精度,而且随着影像初始分割区域数量的增加,其合并速度优势会越加明显。

第5章　面向城市建筑群的矢量图形优化

5.1　矢量图形优化概述

5.1.1　相关概念

1.矢量图形

矢量图形也称为面向对象的图像或绘图图像,在数学上定义为一系列由线连接的点,包含点、线、矩形、多边形、圆和弧段等元素。其优点是文件体积小,无论放大、缩小或旋转等都不会失真。

2.优化

本书的优化是指对矢量图形边界①按照一定的规则进行处理,使之在一定的精度范围内,一方面使其形态更加逼近真实轮廓或满足特定的应用需求,另一方面有效减少节点数据量。

3.压缩

压缩是矢量图形优化方式的一种,是从组成边界的点集合 A 中抽取一个子集 B ,用子集 B 在一定的精度范围内尽可能地反映原数据集合 A 的过程。而且这个子集 B 的点数应尽可能少(刘建聪,2011)。

5.1.2　常见的优化方法及主要问题

遥感数据在 GIS 应用领域正变得越来越重要,而栅格数据的矢量化是 RS 与 GIS 整合的一个关键技术(陈仁喜等,2006)。现有的矢量化方法种类较多(陈勇等,1995;李占才等,1997;沈掌泉等,1999;章孝灿等,2001;谢顺平等,2004),但是由于栅格数据离散化产生的误差、空间分辨率的局限以及噪声的干

----

① 本书所述的边界与 ArcGIS 中的弧段为同一概念。

扰,不管采用何种矢量化方法,其结果始终存在一些问题,如:①存在大量冗余节点,增加了内存和运算方面的开销;②边界偏离真实地物轮廓,无法真实反映地物特征(如周长、形状指数、光滑度、紧凑度等)。对此,许多学者提出了多种矢量图形优化方法,主要有三类:矢量压缩法、曲线拟合法和综合法。

(1)矢量压缩法。主要有间隔取点法、垂距法、偏角法、Douglas-Peucker 法(Douglas D H 等,1973)、光栏法、基于小波技术的压缩方法。该类方法处理速度较快,冗余度低,但对误差阈值的选取较敏感,阈值过小不能很好消除"锯齿",阈值过大又会增加矢量数据的累积误差。

(2)曲线拟合法。主要有线性迭代法、分段样条函数插值法、三次多项式插值法、正轴抛物线平均加权法、斜轴抛物线平均加权法等(杨建宇等,2004;刘可晶,2005;傅慧灵,2005)。该类方法能达到较好的平滑视觉效果,但计算量较大,处理速度较慢,难以满足本研究中海量遥感影像矢量化图形快速优化处理的需求。

(3)综合方法。该类方法联合使用矢量压缩法和曲线拟合法,一般先对矢量数据进行拟合得到平滑曲线,然后利用矢量压缩法进行冗余点的去除。该类方法的累积误差和冗余度较小,但由于中间需经过两次运算,在处理大容量矢量数据时,速度较慢(刘建聪,2011),因此该类方法同样无法适应海量遥感影像矢量化图形。

可见,在上述三类优化方法中,矢量压缩法处理速度快、冗余度低,最适合用于处理大数据量的矢量图形。但是,除了上面提到的对阈值较敏感的问题外,该类方法还存在以下缺陷:①该方法中被广泛使用的经典 DP 算法,在优化效率上有待进一步提升;②大多是"单层次"优化,即对所有边界采用统一的"优化强度",不符合地物的多层次特性;③优化结果普遍缺乏人工构筑物的规则几何特征,缺乏专门针对建筑物轮廓的优化方法。这里的优化强度在算法上通常表现为某种阈值参数,控制着最终边界的规则度:强度越低(一般阈值越小),则保留的节点越多,边界越不规则;反之则保留的节点越少,边界越规则,如图 5-1所示。单层次优化方法得到的边界具有大体相似的规则度,容易造成局部的"过优化"或"欠优化",因此仅适用于对象类型单一或相近的图形,而对于地物类型复杂多样、规则与不规则地物共存的遥感影像(特别是高空间分辨率的遥感影像)矢量化图形来说则难以适用。

分别针对上述三个问题,本书依次提出了基于删除代价的矢量图形单层次优化、面向遥感影像矢量化图形的多层次优化和面向建筑群的矩形拟合优化三种优化方法。

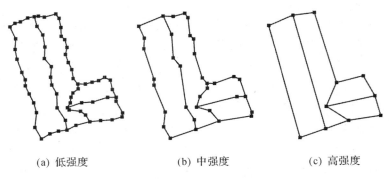

(a) 低强度   (b) 中强度   (c) 高强度

图 5-1 　不同优化强度下的边界规则度比较

5.2 　基于删除代价的矢量图形单层次优化方法

5.2.1 　概　述

矢量压缩法根据数据类型不同,可分为线性(polyline)数据压缩和面域(polygon)数据压缩,但面域经过处理可转化为对线性数据的操作(刘建聪,2011),因此本书主要探讨线性矢量数据的压缩方法。目前,线性矢量数据的压缩算法种类较多,其中尤以 Douglas-Peucker 算法(以下简称 DP 算法)的应用最为普遍(谢亦才等,2009)。

DP 算法的基本思路是:设需压缩边界的首末端点为 V_i,V_j,则从直线段 $\overline{V_iV_j}$ 开始处理。若某个中间节点离该直线段距离最远,而且该距离小于等于阈值 ε,则舍去该段边界上的所有中间点。反之,则保留该中间节点,对该点两侧的两条子边界重复上述过程。在阈值不变的情况下,DP 算法能保证边界经任意平移或旋转后仍可得到相同的压缩结果,且利用递归函数能够非常简洁地实现对应算法。然而,该方法仍具有以下几点缺陷:①以中间节点到两端点连线的距离作为特征点(Feature Point,指决定边界形状的关键节点)的评判依据,会误删许多重要节点(杨得志等,2002;Ebisch K,2002;Wu S T 等,2003),使结果偏离原对象特征,给后续分析研究带来影响;②DP 算法的时间复杂度为 $O(n\log n)$,这对于处理海量空间数据(如遥感影像矢量化数据)以及网络实时传输的需求来说,效率有待进一步提升。

许多学者针对上述问题给出了部分解决方案:Hershberger 等(1992)、De

Halleux 等(2003)从 DP 方法的编程实现方面出发不同程度地提高了时间效率;杨得志等(2002)利用径向距离约束方法来避免删除对面积偏差影响较大的节点;Konrad Ebisch(2002)提出采用中间节点到两端点的距离之和作为特征点的评判依据,以避免误删重要节点。然而上述改进都是基于传统 DP 算法的,每次压缩不可避免要重新计算所有中间节点到端点连线的距离,效率提升上具有局限性。

为此,本书提出了一种矢量图形单层次优化方法,其核心是基于删除代价的快速压缩算法(Deletion-Cost Based Compression Algorithm,DCA)。该算法先为所有中间节点计算删除代价,每次压缩从代价最小处进行,压缩后只需更新相邻两节点的删除代价即可。该算法可以显著减少运算量、有效避免重要特征点的误删、提高压缩精度。

5.2.2　DCA 算法

在介绍 DCA 算法之前,有必要引入一个本书提出的新的特征点评判指标——"删除代价":设 $P = (p_1, p_2, \cdots, p_n)$ 代表一条二维线性边界,n 为边界节点个数,$p_i, p_j, p_k (1 \leqslant i < j < k \leqslant n)$ 是 P 中三个相邻节点,$d(\because)$ 是求取任意两节点之间距离的函数,则节点 p_j 的删除代价 delcost(p_j) 定义如下:

$$\text{delcost}(p_j) = d(p_i, p_j) + d(p_j, p_k) - d(p_i, p_k) \tag{5.1}$$

不难发现,某节点的删除代价越小,则它与相邻两节点越趋近于在同一直线上,该节点对边界形状的影响越小,越应该被删除;反之,则该节点对边界形状的影响越大,越值得被保留。

DCA 算法的基本步骤如下:

(1)计算边界 $P = (p_1, p_2, \cdots, p_n)$ 上所有中间节点的删除代价,得到集合 $C = \text{delcost}(p_j), 1 < j < n$。

(2)从集合 C 中找出最小值 $\text{mindelcost} = \min\limits_{1 < j < n} \text{delcost}(p_j)$,将其与预设的阈值 T 进行比较(假设最小代价对应的节点为 $p_x, 1 < x < n$):

若 $\text{mindelcost} \geqslant T$,则停止压缩,所有剩余节点将被保留。

若 $\text{mindelcost} < T$,则将节点 p_x 删除,更新与 p_x 相邻两节点的删除代价 $\text{delcost}'(p_{x-1})$,$\text{delcost}'(p_{x+1})$。继续对剩余节点重复步骤(2)直到压缩结束。

图 5-2 显示了一条边界的整个 DCA 压缩过程。虽然 DCA 与 DP 算法一样,也是一个迭代循环过程,也是通过与阈值的比较来决定是否终止循环,但两者的基本思路却恰好相反:DP 算法先假设所有中间节点均需删除,后通过最大距离与阈值的比较来逐步增加特征点;而 DCA 算法先假设所有中间节点均需

保留,后将最小删除代价与阈值进行比较来逐步删除冗余节点。

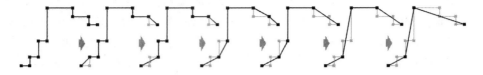

图 5-2　DCA 压缩过程

5.2.3　数理分析

1.压缩效果的比较分析

我们经过大量实验对比发现,当阈值选择恰当时,两种方法可以得到相似甚至完全相同的压缩结果(见图 5-3(a)、(b)和(c))。不同的处理思路,为何能得到相似或相同的结果呢? 下面将以数学推导的方式加以解释。

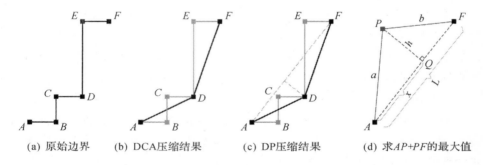

(a) 原始边界　　(b) DCA压缩结果　　(c) DP压缩结果　　(d) 求$AP+PF$的最大值

图 5-3　两种方法得到相同的压缩结果

设图 5-3(a)中的原始边界长度为 L_0,压缩后的新边界长度(见图 5-3(b))为 L_N。我们知道,每个被删除的中间节点都对应一个最小删除代价,将这些删除代价相加即得到一个删除代价总和 TotalDelCost。

因为,根据 DCA 的处理步骤,图 5-3(b)中依次被删除的节点为 B,C,E

所以, $\begin{aligned} \text{TotalDelCost} &= \text{delcost}(B) + \text{delcost}(C) + \text{delcost}(E) \\ &= (d(A,B)+d(B,C)-d(A,C))+(d(A,C)+d(C,D) \\ &\quad -d(A,D))+(d(D,E)+d(E,F)-d(D,F)) \\ &= d(A,B)+d(B,C)+d(C,D)+d(D,E)+d(E,F) \\ &\quad -d(A,D)-d(D,F)) \\ &= L_0 - L_N \end{aligned}$

因为,DCA 算法每次删除总是从删除代价最小的节点开始,而且在整个压缩过程中最小删除代价数值总是不断递增的(在附录 1 中对此作了详细证明),所以图 5-3(b)结果所对应的 TotalDelCost,应该是所有可能的压缩方案(限保留相同数量的特征点)中最小的;又因为 L_0 始终不变,所以 L_N 应该是所有可能的压缩方案中最大的。

由此可见,DCA 压缩问题最终归结为在保留特征点数量一定的情况下寻求最长新边界的问题。为了阐述方便,下面将以保留特征点数量为 1 的情况为例进行说明,其他情况最终都可转化为该状态。现假设一边界 $A-F$ (见图 5-3(d))中,端点直线距离为 L ,两端点坐标已知,中间节点的数量和坐标均未知。现需寻找一个中间节点 P ,使得 $L_N = d(A,P) + d(P,F)$ 的值在所有可能的方案中最大。

取平面上任意一点 P ,设 $d(A,P)$ 长为 a , $d(P,F)$ 长为 b , P 与 AF 的垂足为 Q , $d(A,Q)$ 长 x (x 可以为负,表示 Q 在直线段 FA 的延长线上), $d(P,Q)$ 长为 h

则 $L_N = a + b = \sqrt{x^2 + h^2} + \sqrt{(L-x)^2 + h^2}$

由上式可见新边界长度与垂足的位置 x 、垂线的长度 h 均相关。

若假设 x 固定,即忽略 x 的影响,则 h 成为与新边界长度唯一相关的因素。h 越大,新边界长度越大,该点越应该被保留——这与 DP 的法则完全一致。

从上述证明过程可以看出,从相关要素的角度来说 DP 算法其实是一种简化的 DCA 算法,它忽略了中间节点在两端点连线上的垂足位置 x 的影响,仅考虑了垂线段的长度。Konrad Ebisch(2002)也指出了该缺陷,并提出应该取中间节点到两端点的距离之和作为特征点判别的依据——此改进的实质效果与 DCA 算法相同。一般在保留特征点数量足够多的情况下,经过 DP 法压缩过的边界也能得到较好的效果。但是在某些特殊情况下(如保留特征点数不足或垂足落于端点连线的延长线上时),DP 法却不如 DCA 法精确,后者能更好地表现地物的基本轮廓形态。例如在保证相同特征点数的前提下,相较于图 5-4(c)和(b)中的压缩结果更接近海岸线"东西宽、南北窄"的形状特征和原始周长。

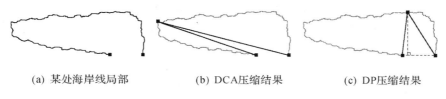

(a) 某处海岸线局部　　　(b) DCA压缩结果　　　(c) DP压缩结果

图 5-4　两种方法得到不同的压缩结果

2.距离运算的时间复杂度比较分析

上节对 DCA、DP 算法的压缩效果进行了比较,下面将以图 5-3(d)中的边界 $A-F$ 为例,对两者的时间复杂度进行比较分析。由于数值排序操作的时耗与具体的数据结构、算法流程有关,难以比较,故此处只对与距离相关的运算进行时间复杂度的比较。此外,不同阈值对运行时间的影响很大,故此处只考虑最差情况下的运行时间。

为了方便说明,这里采用了 Preiss(1999)的"简化的计算机模型"进行运行时间的统计,该模型基于如下假设:各种基本操作(如加减、乘除、比较、取绝对值、函数调用、函数返回、读写数据、从堆中分配或释放一定的存储空间等)均消耗一个相同的单位时间 s。此外,我们还增加部分假设条件:①平方运算为 2 次读取和 1 次乘法运算的结合;②开方运算时耗为 $K_{sr}s$,K_{sr} 为大于 0 的整数。

首先分析 DP 算法的时间复杂度。设 P 为边界 $A-F$ 上的一点,(x_A,y_A),(x_P,y_P),(x_F,y_F) 为三点的坐标。那么 P 点到 AF 的距离 h 为

$$h = | kx_A - y_A + y_P - kx_P | /Z$$

其中,$k = (y_F - y_A)/(x_F - x_A)$,

$$Z = \sqrt{k^2 + 1}$$

为简化统计,我们假设要得到任意一点的 x 或 y 坐标,只需作 1 次读取操作即可。则求取 k 需要 4 次读取、2 次减法、1 次除法和 1 次赋值操作,求取 Z 需要 2 次读取、1 次平方、1 次加法、1 次开方和 1 次赋值操作。对于任意一条子边界,我们将计算 k,Z 的总时耗记为 M,易知 $M = (15 + K_{sr})s$。同理,计算 h 的时耗(不包含 k,Z 部分)记为 N,易知 $N = 15s$。

设边界 $A-F$ 之间包含 n 个中间节点,依照以下两个最坏的情况考虑:①所有中间节点最后均被保留;②以遍历已有子边界找到各自对应的最大距离点算作一个操作步骤,那么最坏的情况是每个操作步骤结束时,每条子边界所包含的节点数相同;③所有子边界首尾点的 x 坐标均不相等,否则 $h = | x_A - x_P |$,计算量会减少。我们将得到如表 5-1 所示的处理过程记录。

表 5-1　DP 法的处理结果记录表

操作步骤编号	处理前	处理中	处理后
	保留特征点数	k,Z,h 的运算时耗	新增特征点数
1	0	$M+nN$	1
2	1	$2M+(n-1)N$	2

续　表

操作步骤编号	处理前	处理中	处理后
	保留特征点数	k,Z,h 的运算时耗	新增特征点数
3	3	$4M+(n-3)N$	4
4	7	$8M+(n-7)N$	8
…	…	…	…
$t-1$	$2^{t-2}-1$	$2^{t-2}M+(n+1-2^{t-2})N$	2^{t-2}
t	$2^{t-1}-1$	—	—

因为,累计 t 个操作步骤的运算时耗,得到总时耗:

$$f(n)_{DP} = (1+2+4+8+\cdots+2^{t-2})M + [(t-1)n-0-1-3-7-\cdots-(2^{t-2}-1)]N$$

$$= M\sum_{i=2}^{t}2^{i-2} + [(n+1)(t-1)-\sum_{i=2}^{t}2^{i-2}]N$$

$$= (n+1)(t-1)N + (M-N)\sum_{i=2}^{t}2^{i-2}$$

所以,$M=(15+K_{sr})s$,$N=15s$,且可知 $2^{t-1}-1=n$,即 $t=\log_2(n+1)+1$

所以 $f(n)_{DP} = 15s(n+1)\log_2(n+1) + K_{sr}s\sum_{i=0}^{\log_2(n+1)-1}2^i$

所以由上式可知,DP 算法距离运算部分的时间复杂度

$$O(f(n)_{DP}) = O(n\log n)$$

接下来将分析 DCA 算法的时间复杂度。我们知道任意中间节点 P 的删除代价为

$$\text{delcost}(P) = d(A,P)+d(P,F)-d(A,F) = \sqrt{(x_A-x_P)^2+(y_A-y_P)^2} + \sqrt{(x_P-x_F)^2+(y_P-y_F)^2} - \sqrt{(x_A-x_F)^2+(y_A-y_F)^2}$$

设计算一个节点删除代价 delcost(P) 的时耗为 T,则容易由上式算出 $T=42s+3K_{sr}s$。同样地,我们假设边界 $A-F$ 之间包含 n 个中间节点,依照以下两个最坏情况考虑:①所有的中间节点最后均被删除;②与端点相邻的两个节点最后被删除。可以得到如表 5-2 所示的处理结果,注意这里每个操作步骤只删除一个中间节点。

表 5-2　DCA 法的处理结果记录表

操作步骤编号	处理前	处理中	处理后
	已删节点总数	删除代价运算时耗	新增删除节点数
1	0	$(n+2)T$	1
2	1	$2T$	1
3	2	$2T$	1
4	3	$2T$	1
...	...	...	...
$n-2$	$n-3$	$2T$	1
$n-1$	$n-2$	$1T$	1
n	$n-1$	——	1

所以累计 n 个操作步骤的运算时耗,得到总时耗:

$$f(n)_{DCA} = 3T(n-1)$$
$$= (126+9K_{sr})(n-1)s$$

所以,根据上式可知,DCA 算法距离运算部分的时间复杂度

$$O(f(n)_{DCA}) = O(n)$$

由上述分析可见,在距离运算部分的时间复杂度方面,DCA 算法较 DP 算法复杂度更低。其主要原因在于:DP 算法不断分裂边界,因此其子边界是不断变化的,所以中间点到首末端点连线的距离也需要实时更新,而 DCA 算法不需要分裂边界,所有中间节点的删除代价在初始时计算一次,此后每次压缩只需更新与被删除点相邻的两个节点的删除代价即可,因此具有更高的执行效率。

5.2.4　实验分析

由于空间分辨率的局限、噪声的干扰以及栅格数据离散化产生的误差,矢量空间数据(特别是遥感影像矢量化图形)的边界一般呈现不规则锯齿状。为了削弱锯齿,提高压缩精度,本书推荐采用多次迭代高斯滤波的方法(Sarfraz M 等,2004)对矢量图形进行平滑预处理(若原始图形无锯齿则无需此处理),该方法的公式如下:

$$x'_i = 0.5x_i + 0.25x_{i-1} + 0.25x_{i+1} \tag{5.2}$$
$$y'_i = 0.5y_i + 0.25y_{i-1} + 0.25y_{i+1} \tag{5.3}$$

其中，$x_{i-1}(y_{i-1})$，$x_i(y_i)$，$x_{i+1}(y_{i+1})$ 代表边界中三个连续节点的 $x(y)$ 坐标[①]。将每条边界投入上述滤波器，逐节点进行坐标转换即可平滑边界。平滑预处理会对后期矢量压缩的效果产生影响（见图 5-5），但并不影响对压缩效率的比较分析，因此下面的实验和分析均是在 3 次迭代高斯滤波平滑预处理的基础上进行的。

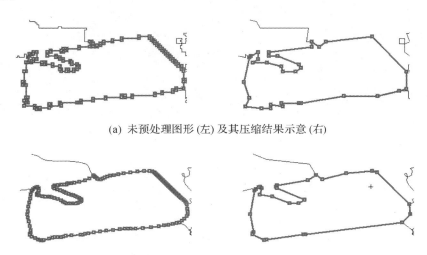

(a) 未预处理图形 (左) 及其压缩结果示意 (右)

(b) 已预处理图形 (左) 及其压缩结果示意 (右)

图 5-5　高斯滤波平滑预处理效果示意

1. 等处理率比较

处理率是节点处理总量与原始图形节点总量的比值。由于原始图形节点总量不变，因此"等处理率"比较的实质是在相同节点处理量条件下的时耗比较，它可以反映单位节点的处理效率，是算法实际处理能力的体现。由于 DCA 算法是不断检测和剔除冗余点，直至最小删除代价大于阈值为止，剩余节点作为特征点直接予以保留，因此 DCA 算法的处理量为整个图形中被剔除的冗余点总量（以下亦称压缩总量）。而 DP 算法刚好相反，它是不断提取特征点，直至点与端点连线之间的距离小于阈值为止，剩余节点被当作冗余点直接剔除掉，所以 DP 算法的处理量为整个图形压缩后保留的节点总量（以下亦称保留总量）。

---

　　①　矢量图形的 x,y 坐标是与生成该图形的平台、算法及其原始栅格影像密切相关的。在原始栅格影像包含地理坐标和投影信息的情况下，其矢量图形可以以地理坐标表示。反之，则通常以影像的某一点（左下角点）为坐标原点、以一个像素的边长作为单位长度建立坐标系，生成对应矢量图形。

　　在此本书对三幅矢量图形（见图 5-6，由不同空间分辨率、不同大小的遥感影像经分割并矢量化后得到）进行了多种阈值条件下的比较实验，记录下等处理率时的实验结果（见表 5-3）。

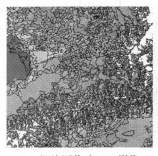 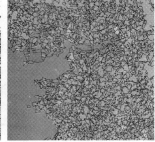 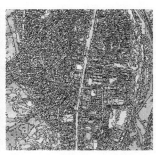

(a) 栅格图像为MSS影像　　　(b) 栅格图像为TM影像　　　(c) 栅格图像为QuickBird影像

图 5-6　不同空间分辨率遥感影像及其分割矢量化图形叠加

表 5-3　不同阈值条件下等处理率压缩时耗比较

矢量图形名称及属性	原始节点总量	DCA 算法				DP 算法				DCA/DP时耗比（%）
		阈　值	压缩总量	处理率（%）	时　耗（s）	阈　值	保留总量	处理率（%）	时　耗（s）	
图 5-6(a)（栅格影像大小为831×832像素）	87361	0.0005	9719	11.13	0.406	2.5	9681	11.08	0.641	63.34
		0.0009	12821	14.68	0.437	1.5	12324	14.11	0.750	58.27
		0.005	26996	30.90	0.532	0.3	26888	30.78	1.047	50.81
		0.01	36019	41.23	0.593	0.175	37582	43.02	1.141	51.97
		0.02	44886	51.38	0.656	0.125	43360	49.63	1.172	55.97
		0.05	59304	67.88	0.734	0.08	58545	67.02	1.219	60.21
		1.0	78302	89.63	0.844	0.02	78730	90.12	1.266	66.67
图 5-6(b)（栅格影像大小为1667×1667像素）	187611	0.00005	8412	4.48	0.734	8.00	8657	4.61	1.5	48.93
		0.005	58741	31.31	1.188	0.40	51099	27.24	3.093	38.41
		0.02	94665	50.46	1.485	0.15	94338	50.28	3.391	43.79
		0.05	124241	66.22	1.688	0.08	126726	67.55	3.500	48.23
		0.1	140093	74.67	1.813	0.05	147311	78.52	3.563	50.88
		0.5	163768	87.29	1.985	0.03	160561	85.58	3.578	55.48
		5.0	177675	94.70	2.094	0.01	177136	94.42	3.609	58.02

续　表

矢量图形名称及属性	原始节点总量	DCA 算法				DP 算法				DCA/DP 时耗比（%）
		阈　值	压缩总量	处理率（%）	时　耗（s）	阈　值	保留总量	处理率（%）	时　耗（s）	
图 5-6(c)（栅格影像大小为 1908×1908 像素）	443168	0.001	76989	17.37	2.282	1.30	73484	16.58	3.61	63.21
		0.005	143254	32.32	2.75	0.275	145869	32.92	4.984	55.18
		0.01	187474	42.30	3.062	0.18	187107	42.22	5.266	58.15
		0.02	232825	52.54	3.281	0.115	230160	51.94	5.516	59.48
		0.04	288728	65.15	3.578	0.86	289035	65.22	5.718	62.57
		0.1	331810	74.87	3.844	0.055	334138	75.40	5.890	65.26
		5.00	395045	89.14	4.079	0.02	393770	88.85	6.062	67.29

（注：对于不同的算法，处理量难以控制到完全一致。多次实验测试结果表明：不同算法的处理量差异控制在原始节点总量的 4% 以内即可视为等量）

由表 5-3 可见，对于由不同类型、不同大小的遥感影像矢量化后得到的矢量图形，在各种不同的处理率情况下，本书所述 DCA 算法时耗（用 T_{DCA} 表示）与 DP 算法时耗（用 T_{DP} 表示）的比值 T_{DCA}/T_{DP} 始终维持在 38%～67% 这一较低水平，其中处理率在 30% 左右时，T_{DCA}/T_{DP} 的值达到最优。由此可见，相较于 DP 算法，DCA 算法的单位节点处理能力具有显著优势，同时也进一步验证了上述关于两者距离运算时间复杂度的分析结果。

2. 等压缩率比较

从应用的角度来说，以相同或相似的压缩结果作为前提进行算法处理效率的比较，比"等处理率比较"更加直观且更具现实意义。为此，我们采用"压缩率"（压缩后保留的节点数/压缩前的节点总数）这一定量化的指标来评判压缩结果的相似度。经过大量实验证明：当压缩率相等或非常接近时，上述两种方法得到的压缩结果相当（见图 5-7），其时耗数据具有可比性。基于此，本书采用 DCA、DP 两种方法分别对图 5-6 中的三幅矢量图形进行了各种阈值条件下的压缩实验，其执行效率情况如图 5-8 所示。

由图 5-8 可见，对于源自三幅不同类型遥感影像的矢量图形，可以得到大致相同的"时耗—压缩率"变化规律：①DCA 算法时耗（简称 T_{DCA}）随着压缩率的提高呈近似线性增大，而 DP 算法时耗（简称 T_{DP}）与压缩率成反比，且随着后者提高其下降幅度逐渐增大；②在压缩率接近 0 时，T_{DCA}/T_{DP} 的值最小，约为 0.2～0.3。随着压缩率的提高，T_{DCA}/T_{DP} 逐渐增大，在压缩率达到80%～100%的

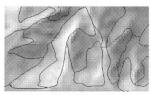

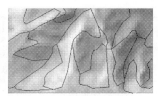

(a) 原始矢量图形(局部)　　(b) DCA压缩结果(压缩率75.50%)　　(c) DP压缩结果(压缩率75.57%)

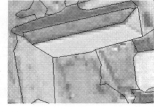
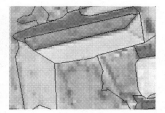

(d) 原始矢量图形(局部)　　(e) DCA压缩结果(压缩率74.87%)　　(f) DP压缩结果(压缩率74.60%)

图 5-7　压缩率接近时两方法得到的相似结果

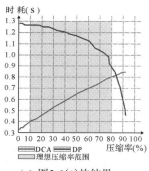
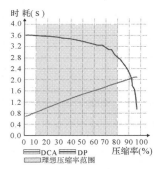
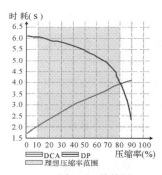

(a) 图5-6(a)的结果　　　　(b) 图5-6(b)的结果　　　　(c) 图5-6(c)的结果

图 5-8　"时耗—压缩率"变化规律

某值时，T_{DCA}/T_{DP} 达到1，而此后便大于1。虽然 T_{DCA}/T_{DP} 的值在压缩率较高时一度接近甚至超过1，然而在实际应用中并不是所有的压缩率都能保证良好的压缩精度。经过大量实验可知，当压缩率超过 80％时，矢量图形边界与真实地物轮廓偏差较大，普遍存在过压缩现象（见图 5-9）。同样地，当压缩率小于10％时，压缩结果与原图形差别非常小，又会呈现欠压缩现象。因此，我们认为10％～80％是一个比较合理的压缩率范围，称之为"合理压缩率范围"，而最佳压缩率一般在 40％～75％。

由上述分析可知，在压缩率相同并保证良好精度的前提下，相较于 DP 算法，DCA 算法的处理速度具有明显优势，各种压缩率情况下的综合时耗缩减幅

86

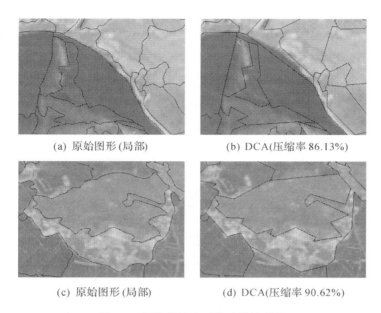

(a) 原始图形(局部)　　　　　　(b) DCA(压缩率 86.13%)

(c) 原始图形(局部)　　　　　　(d) DCA(压缩率 90.62%)

图 5-9　压缩率较大时的过压缩现象

度在 15％～70％,平均降幅达 55％左右,即平均处理效率提升约 120％。

5.3　面向遥感影像矢量化图形的多层次优化方法

5.3.1　概　述

　　按照使用的线型不同,矢量化图形优化方法可以分为直线段拟合、曲线拟合、混合拟合三类。其中后两者算法复杂、内存和运算开销较大,不适合处理海量空间数据。因此,基于直线段拟合的优化方法是较为理想的选择,而它又包含边界平滑、节点压缩两种拟合技术:前者主要根据相邻若干节点的空间相关性调整各节点坐标,使边界线型变得顺滑,以此来削弱锯齿影响;后者并不改变任何坐标,而是按照一定法则去除边界上对形状影响不显著的节点(以下亦称非特征点或冗余节点),以此来减小噪音等干扰。针对传统优化方法多为"单层次"优化,不符合地物的多层次特性,本书提出了一种面向遥感影像矢量化图形的多层次优化方法。该方法综合了上述两类技术,其具体流程如图 5-10 所示。首先保证直连点(Directly-Connected Nodes,DCNs)的纳入,接着对边界进行平滑处理以削弱锯齿等误差,然后通过单层次压缩去除大部分非特征点,最后执

87

行多层次压缩,使各类地物的边界最大限度地逼近其真实轮廓。其中,之所以要将边界平滑处理安排在节点压缩之前,是因为节点压缩并不调整坐标,无法消除节点原有的坐标误差,需提前予以纠正。本书所提的直连点是指:有且仅有两条在同一(水平或垂直)直线上的直线段与之相连的节点(参见图 5-11(c)中的灰色方点)。

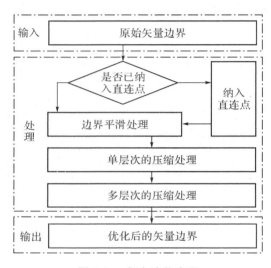

图 5-10　新方法的流程

5.3.2　矢量化图形的多层次优化

1.纳入直连点的边界平滑处理

目前已有多种边界平滑方法(Fabris A E 等,1997;Black N D 等,2000),本书采用了 Sarfraz M(2004)提出的相对简单而又高效的高斯滤波法,其数学表达式见式(5.2)和式(5.3)。将每条边界投入该滤波器,逐节点进行坐标转换即可平滑边界。通过实验我们发现经过 3～6 次的迭代滤波处理即可得到较佳的平滑效果。

上述算法实质是一种多次迭代加权平均的处理方式,在削弱噪音的同时也会使那些体现地物轮廓特征的角点被弱化(即角点偏离原坐标较远,边界形状特征减弱,见图 5-11(a)和(b))。Sarfraz M(2004)采用探测边界特征角点(Corner Nodes)、只对非特征角点进行平滑的策略来解决这一问题,但该方法计算量大,并不适用于遥感影像。为此本书提出采用纳入直连点的办法来尽可能减小由角点弱化带来的误差。由于直连点并不影响边界形状,因此出于数据量考虑,传统逐像素检测的栅格数据矢量化算法通常会忽略直连点而只检测和记录角点,因此得到的矢量化结果类似于图 5-11(a)。

　　由图 5-11(a)初始矢量边界可见,各节点之间的直线段距离存在差异,这种差异与各节点在表现边界形状特征时所具有的权重(以下简称为"特征权重")成正比关系:与其他节点的距离越大,则该节点对边界形状特征形成的贡献越大,即特征权重越大。然而上述滤波器在加权平均时并未考虑到特征权重差异,故平滑处理后特征权重越大的节点(见图 5-11(b)中的圆点)被弱化的程度相对越深。然而一旦边界将直连点纳入,节点数量增加、间距缩短且距离均等(一般为像素点边长)(见图 5-11(c)),那么各节点的特征权重也就相等了,因此经过平滑后各节点平滑程度相近,角点弱化程度大为减轻(见图 5-11(d)中的圆点)。

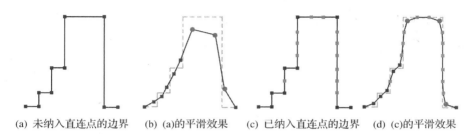

(a) 未纳入直连点的边界　　(b) (a)的平滑效果　　(c) 已纳入直连点的边界　　(d) (c)的平滑效果

图 5-11　直连点的纳入对角点弱化程度的影响

　　直连点的纳入可以在矢量化过程中进行,也可在矢量化后通过反演推算得到。但是,前者需修改矢量化的内部算法(通常条件不允许),且矢量化算法并非本书重点,故在此仅对后者进行阐述。对于传统方法得到的(未纳入直连点且呈锯齿状的)矢量化结果,设 A,B 为有向边界上任意两个相邻节点,其坐标分别为 (x_A,y_A)、(x_B,y_B),设 $L_x = x_B - x_A$,$L_y = y_B - y_A$ 分别为两节点横纵坐标差,而 $k = L_x/t$,$j = L_y/t$ 分别表示两节点在横纵方向上分别包含的栅格像素数量,其中 t 为栅格像素点的边长,则存在如下关系:

①k,j 为整数;

②$k + j \neq 0$;

③$k \times j = 0$。

　　现需求出两相邻节点(角点)A,B 间的所有直连点坐标。设 P 为 A,B 之间的任意一个直连点,则各种情况下 P 点的坐标计算公式如下(见图 5-12):

　　①若 $k = 0$,说明 $x_A = x_B$,则 P 的坐标为 $(x_A, y_A + s \cdot t \cdot j/|j|)$,其中 $s = 1,2,\cdots,|j|-2,|j|-1$;

　　②若 $j = 0$,说明 $y_A = y_B$,则 P 的坐标为 $(x_A + m \cdot t \cdot k/|k|, y_A)$,其中

$$m = 1, 2, \cdots, \mid k \mid -2, \mid k \mid -1。$$

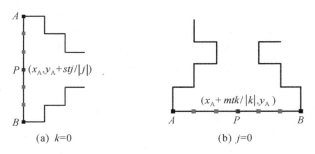

图 5-12　两种不同情况下直连点的纳入方法

2.单层次压缩与多层次压缩

为实现单、多层次压缩方法的相互兼容,本书提出了一种基于删除代价的快速压缩算法(DCA),详细内容参见第 5.2 节。两种层次的压缩方法均是在该算法基础上发展而来。在单层次压缩阶段,DCA 算法中所使用的删除代价阈值 D 是全局统一的(以下简称全局阈值,用 D_{Global} 表示),阈值越大,优化后边界规则度越大,冗余节点越少;反之则边界规则度越小,冗余节点越多。单层次压缩的目的是通过一个较小的阈值,对整个矢量图形的冗余节点进行过滤,剔除绝大部分已经完成使命的直连点及原有的非特征点,在保证对象特征的前提下有效减小矢量文件大小。因此,这里的全局阈值 D_{Global} 应取较小值,一般选取适合于图中规则度最小的地物的阈值作为该阶段的全局阈值。

由于这里的单层次压缩处理与本书第 5.2 节基于删除代价的矢量图形单层次优化方法相同,故不再重复叙述,下面重点介绍多层次压缩方法。在介绍之前,有必要对地物规则度作一说明:首先,它是一个相对的、较模糊的概念,人们通常凭主观经验判断,认为那些近似规则几何形体、边界走向有规律的地物(如屋顶、道路、广场等)规则度较高,反之则规则度较低(如树冠、草地、自然水面等)。然而在算法设计时必须有一个定量化的指标来描述这种特征。其次,人们往往以一个完整地物作为评判单元,如认为某栋房子规则度较高,某棵树的树冠规则度较低。然而在矢量图形初期优化阶段,程序难以判别一条边界的实际归属,况且很多时候构成地物的多条边界规则度差异很大。因此,本书提出以边界而非整个地物作为评价单元的规则度评价指标——平均弧段长度,其定义见式(5.4)。由经验可知,在同一幅图形上,边界越规则,其单位长度上的节点数越少,即平均弧段长度越长;反之则单位长度上的节点数越多,平均弧段长度越短。

与单层次压缩一样,多层次压缩也是采用 DCA 算法,其区别在于前者采用全局统一的删除代价阈值，而后者是依据平均弧段长度而赋予每条边界不同的删除代价阈值（以下简称局部阈值，用 D_{Local} 表示）。经过大量实验分析和经验积累，总结出关于 D_{Local} 的定义公式，见式（5.4）至式（5.6）。

$$\text{avglen} = \text{newlen}/(n+1) \tag{5.4}$$

$$D_{MAX} = -0.006R + 0.3 \tag{5.5}$$

$$D_{Local} = 2D_{max}\arctan(\text{avglen}/4)/PI \tag{5.6}$$

其中，newlen 为经过单层次压缩后的新边界长度[①]；n 为中间节点个数；avglen 表示平均弧段长度；D_{MAX} 为阈值上限；R 为对应遥感影像的空间分辨率（以米为单位）。注意 D_{MAX} 有可能小于 D_{Global}，甚至为负。

图 5-13 反映了在 D_{max} 固定的情况下 avglen 与 D_{Local} 之间的定量化关系。当 avglen 小于 4（以一个栅格像素边长作为单位长度）时，其对应 D_{Local} 也较小，这意味着规则度较低的边界能够保留较多的细节信息；当 avglen 处于 4～20 时，D_{Local} 随之升高，但幅度逐渐减弱，这意味着规则度较高的边界删除冗余节点的能力更强，但这种能力会随规则度的上升而逐渐减弱；当 avglen 大于 20 时，其对应的 D_{Local} 趋于稳定，并始终小于 D_{MAX}，这说明边界规则度已经达到了预期的上限。我们给所有大于该上限的边界赋予一个接近 D_{MAX} 的局部阈值。

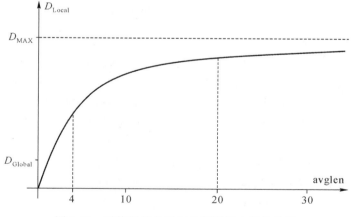

图 5-13　平均弧段长度与局部阈值之间的关系

局部阈值的另一个相关参数是阈值上限 D_{MAX}，它控制着矢量图形的整体压缩程度，并与遥感影像的空间分辨率数值成反比（见式（5.5）和图 5-14）：

---

①　边界长度与矢量图形中节点坐标的类型相关。当节点坐标是地理坐标时，该长度表示两点在真实世界中的距离；反之，则表示以像素边长为单位长度的相对长度。

91

D_{MAX} 随着 R 的增大而减小。这样设计的原因在于：①随着 R 值增大，矢量图形单位长度（即遥感影像单位像素的边长）所代表的实际长度越长，删除一个节点所造成的边界信息损失越大，因此需要通过减小 D_{MAX} 来降低压缩程度；②随着 R 值增大，规则的人工构筑物愈加难以识别，矢量化后得到更多的是具有不规则轮廓的地物边界，因此也需要减小 D_{MAX} 来保留更多节点。

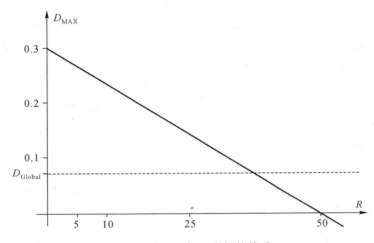

图 5-14　D_{MAX} 与 R 之间的关系

需要注意的是，当 D_{MAX} 小于等于 D_{Global} 时，因为 D_{Local} 始终小于 D_{MAX}（见图 5-14），故 D_{Local} 必然也小于 D_{Global}。这将使得该边界在多层次压缩过程中一个节点也不会被删除，该步骤变得多余。因此，D_{MAX} 的有效取值范围为 $D_{Global} \sim 0.3$。D_{MAX} 的上限 0.3 是经过大量实验总结经验得出的。

根据上述规则度评价指标及其与局部阈值之间的关系，我们设计了多层次压缩的流程：

（1）根据遥感影像的空间分辨率 R 值和式（5.5），得到 D_{MAX}。若 D_{MAX} $\leqslant D_{Global}$，则无需进行多层次压缩，优化结束；反之则进入以下步骤。

（2）取出一条边界，得到 newlen 和 n，并根据式（5.4）、式（5.5）、式（5.6）得出该边界对应的删除代价阈值 D_{Local}。

（3）将 D_{Local} 与单层次压缩中所使用的 D_{Global} 进行比较：

若 $D_{Local} \leqslant D_{Global}$，则该边界不必压缩，停止处理；

若 $D_{Local} > D_{Global}$，则取 D_{Local} 为删除代价阈值，采用 DCA 算法进行压缩。

（4）遍历所有边界，重复（2）～（3）步骤。

由上述步骤可知，当影像空间分辨率 R 值较大（即 $D_{MAX} \leqslant D_{Global}$）时，多层次压缩并不执行。这是为了适应低空间分辨率分遥感影像（简称低分影像）的矢量边界普遍规则较低的特性,因此需保留更多节点信息。若希望低分影像矢量图形也具有多层次的优化特性,可以通过适当增加平滑滤波循环次数和降低 D_{Global} 来实现。

本书之所以要在多层次压缩之前增加一个单层次压缩过程,是因为多层次压缩算法中有一个重要参数——平均弧段长度,它代表着边界的规则度。而在边界平滑过程中,我们加入了许多直连点,导致所有边界的平均弧段长度缩短且基本趋于一致,如果平滑后直接采用多层次压缩,则所有边界的 D_{Local} 将基本相同,无法实现多层次压缩。因此,必须先用一个较小的 D_{Global} 先进行全局单层次压缩,将其中不必要的节点删除,只保留那些能够体现边界形状特征的节点,这样算出来的平均弧段长度才能真实反映边界的规则度。

5.3.3　实验结果与分析

1. 本书方法的分步处理结果

为更加直观地表明本书方法的处理步骤,反映方法的设计思路,下面将以图 5-15(a)所示的 QuickBird 遥感影像(空间分辨率为 0.6 米)及其初始矢量化图形(见图 5-15(b),A,B,C 三条边界已被突出显示,以方便说明)为例,分步进行实验和分析。

按照本书所述方法的流程,首先是为初始矢量边界纳入直连点,并平滑边界,这里循环滤波次数为 6 次,效果如图 5-15(c-1)所示。可见边界内插了大量节点,并变得非常光滑,原锯齿现象得以消除。接着进行单层次压缩处理,D_{Global} 取 0.06,得到如图 5-15(c-2)所示效果。图中可见大量冗余节点被删除,较重要的特征点得以保留。但此时所使用的阈值是全局统一的,且数值较小,边界呈现相似的规则度(如边界 B 和 C 的节点密度较接近),大部分边界上仍有较多冗余节点。最后进行多层次压缩处理,得到如图 5-15(c-3)所示的最终优化结果。较之于图 5-15(c-2)可见,三条实例边界得到了不同程度的压缩,规则度差异明显拉大。这是由于图 5-15(c-2)中边界 A 的平均弧段长度最长,依据式(5.5)可以得到较大的局部阈值,所以压缩程度较大;边界 B 的平均弧段长度适中,得到的局部阈值大小也适中,因此只压缩了部分节点;边界 C 的平均弧段长度最短,对应的局部阈值最小,所以大部分节点均被保留。这种差异化的压缩结果正是多层次优化理念的体现。

(a) 原始影像

(b) 初始矢量化图形

(c-1) 纳入直连点的边界平滑处理结果

(c-2) 单层次压缩处理结果

(c-3) 多层次压缩处理(最终)结果

图 5-15　本书方法的分步处理

2. 分割尺度适应性实验

影响边界优化效果的一个重要因素是影像分割尺度①,不同的分割尺度通常需要不同的优化强度,这就要求优化方法对分割尺度具有较强的适应性。本书以一幅大小为 386 像素×479 像素、含 RGB 三波段的 GEOEye-1 遥感影像(见图 5-16(a))为例,分别采用传统优化方法和本书方法进行对比实验。

这里用单层次 DCA 算法来模拟传统优化方法。由于传统方法不含边界平滑过程,故其全局删除代价阈值 D_{Global} 取值较高(实验证明 0.6~1.7 是较合理的取值范围),这里以 1.2 为例,并对大小两个尺度的矢量图形进行测试,得到如图 5-16(b)和(c)所示结果。由图可见,小尺度图形经优化后,边界转角过于尖锐,说明阈值过大,表现为过压缩现象;而大分割尺度图形经优化后,边界(尤其是建筑物轮廓边界)上仍有部分冗余节点,说明阈值过小,表现为欠压缩现象。

接着我们再用本书所述方法对大、小两种尺度下的矢量图形进行了优化,得到如图 5-16(d)和(e)所示结果(两者参数设置相同:6 次平滑滤波处理,$D_{\text{Global}} = 0.06, D_{\text{MAX}} = 0.3$)。由图可见,相较于传统方法的处理结果,小尺度图形中的边界更加光滑,而大尺度图形中边界的冗余节波动有效减少,两种分

① 影像分割尺度,在算法中通常表现为一个判定两相邻像素集(也称为区域)合并与否的上限阈值。一般分割尺度越大,区域的平均面积也越大。

94

  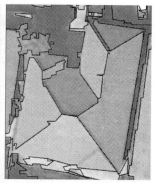

(a) 原始影像　(b) 传统方法优化结果(小尺度)　(c) 传统方法优级化结果(大尺度)

 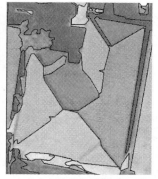

(d) 本书方法优化结果(小尺度)　(e) 本书方法优化结果(大尺度)

图 5-16　分割尺度的适应性比较

割尺度均得到了较佳的优化效果,这是由于本书方法能够依据边界平均弧段长度自动选择合适的压缩阈值。

由此可见,针对不同的分割尺度,本书所述方法较之传统优化方法具有更强的适应性,而且一套参数适用于不同分割尺度的矢量化图形,解决了长期以来需要凭主观经验反复尝试各种优化参数而准确率不高的问题。

3. 空间分辨率适应性实验

影响边界优化效果的另一个要素是遥感影像的空间分辨率。不同空间分辨率的影像意味着完全不同的空间尺度,因此它们的矢量化图形在优化时必然需要采用不同的优化强度。因此,本书以三幅不同空间分辨率的遥感影像(分别为 QuickBird、TM、MSS)为例进行如下对比实验。

这里仍旧以单层次 DCA 算法模拟传统优化方法,D_{Global} 取 0.9,三幅矢量图形的优化结果如图 5-17(a)、(c)和(e)所示(为了便于比较,局部边界作了高亮显示)。从目视效果来看,三幅影像具有相似的优化强度,图 5-17(a)挺拔的线条和尖锐的转角略契合了高分影像中人工构筑物的几何特征,然而随着影像分辨率的降低,图 5-17(c)和(e)中的边界转角显得过于尖锐,不符合低分影像中自然地物的自由线型特征,呈现过压缩现象。这是由于传统优化方法不对影像空间分辨率加以区分、默认使用固定的优化强度而造成的。

接着采用本书所述方法分别进行优化,参数设置如下:6 次平滑滤波处理,

(a) 传统方法优化结果(Quickbird影像)　　(b) 本书方法优化结果(Quickbird影像)

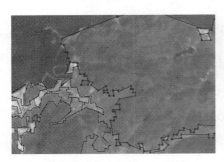 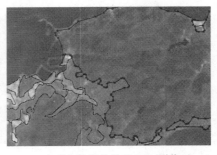

(c) 传统方法优化结果(TM影像)　　(d) 本书方法优化结果(TM影像)

(e) 传统方法优化结果(MSS影像)　　(f) 本书方法优化结果(MSS影像)

图 5-17　空间分辨率的适应性比较

$D_{\text{Global}} = 0.06$,影像空间分辨率 R 依次为 0.6m、30m 和 80m。其优化结果如图 5-17(b)、(d)和(f)所示。由图可见,随着影像空间分辨率的降低,矢量边界的优化强度逐渐下降,高分影像中人工构筑物的规则几何形态和低分影像中自然用地的自由形态都得到了较好的表现。这是由于本书方法不但能够依据平均弧段长度来区别对待每一条边界,而且能够从全局出发,根据影像不同的空间分辨率选择合适的局部阈值上限 D_{MAX} ,以此来控制整个图形的整体优化强度。

由此可见,相较于传统优化方法,本书所述方法在影像空间分辨率方面具有更强的适应性,这为基于海量、多种分辨率遥感影像矢量化图形的研究和应用提供了便利。

5.4　面向建筑群的矩形拟合优化方法

5.4.1　概　述

前面介绍的两种方法是从全局的角度对整个遥感影像矢量化图形进行整体优化,其中多层次优化虽删除了大量冗余节点,并对不同地物类型的优化强度有所区分,但该算法并非专门针对建筑类型而设计,没有考虑人工构筑物(特别是建筑物)所特有的规则几何形体特征,所得优化结果还无法为建筑建模系统所直接使用。

针对该问题,赵俊娟等(2004)提出在建筑物二值图上进行以基础点[①]为划分点列组合依据的处理,再采用最小二乘法进行分段线性拟合,并求直线交点,从而获得矩形建筑轮廓的方法(下文简称"赵氏法")。该方法虽然运算速度快、效率高,具有一定的实用价值,但存在以下几个问题:①其算法是在建筑物(栅格)二值图[②]基础上进行的,对于矢量图形无法直接使用;②该方法直接将基础点作为建筑边界的断点,然而在很多情况下,基础点并非划分点列组合的理想断点;③该方法对每一分段单独进行拟合,没有考虑矩形对应边的平行关系和相邻边的垂直关系,导致最终结果并非规则矩形。后两者可以从对比图 5-18 中得到清晰反映。

---

①　基础点在原文献中的定义如下:就某一幢建筑物而言,在组成其轮廓的所有离散点里,总能找到这样 4 个点:第 1 个点列坐标最小;第 2 个点行坐标最小;第 3 个点列坐标最大;第 4 个点行坐标最大。这 4 个点被称为基础点。

②　二值图是指像素值为"1"或"0"的位图。

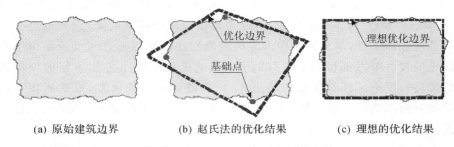

| (a) 原始建筑边界 | (b) 赵氏法的优化结果 | (c) 理想的优化结果 |

图 5-18　赵氏法优化结果与理想结果的对比

为此,本书对赵氏法进行了改进,提出了一种面向建筑群的矩形拟合优化方法。该方法同样采用矩形去拟合所有建筑,这是因为虽然常见的建筑物形状有矩形、L 形、U 形、圆形等各种类型,但还是以矩形为主,同时本书所涉建筑群的空间尺度较大,对建筑形状的精度要求并非特别高,只要能大致体现原始特征(主朝向、面宽、进深等)即可。

本书所提面向建筑群的矩形拟合优化方法主要分以下几个步骤:①求取建筑多边形的最小面积外接矩形[①],并获得矩形的四个角点;②从建筑多边形中,寻找到四个断点,使它们分别与外接矩形的四个角点距离最近;③用四个断点将建筑多边形分成四小段,每段进行直线拟合,并确保对应边的平行关系和相邻边的垂直关系;④求取四条直线的交点,得到最终的优化结果。本书分别针对上述步骤中的核心问题提出了新方法。

5.4.2　面向建筑群的矩形拟合优化

1. 求取最小面积外接矩形

最小面积外接矩形,不仅是原始边界所有外包矩形中最小的一个矩形,而且也是最能反映原始边界形状特征(包括主方向、长、宽等)的矩形,通常情况下最小面积外接矩形与最终的理想拟合矩形在形状上非常接近(见图 5-19)。因此,如果根据最小面积外接矩形的四个角点去附近搜寻适宜断点,将会得到比赵氏法更合理的分段方式。

目前,求取最小面积外接矩形的传统方法主要分为旋转法和主轴线法。旋转法的原理是将原始多边形(即原始边界,下同)等间隔旋转,转换范围控制在

①　最小面积外接矩形,简称 MABR(Minimum Area Bounding Rectangle),它是指多边形所有不限定旋转角度的包含矩形中,面积最小的那个矩形。

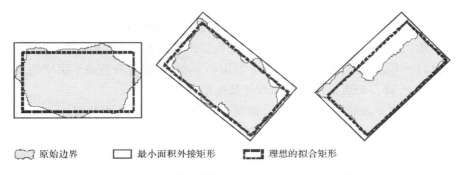

⬚ 原始边界　　☐ 最小面积外接矩形　　⬚ 理想的拟合矩形

图 5-19　最小面积外接矩形与理想拟合矩形的关系

90°内。每次旋转角度为 a ,求取每次旋转后边界的最小绑定矩形[①]的面积。面积最小者即为最小面积外接矩形(Castleman K R,2002)。旋转法的计算精度取决于等间隔旋转角度的大小,因而所得结果并非最精确的最小面积外接矩形。要想获得较高精度,必须尽量减小等间隔旋转角度,这会使旋转次数增多、计算量大幅增加。主轴线法的原理是先采用最小二乘法获取原始多边形的最佳拟合直线,即主轴线。然后用分别平行和垂直于主轴线的 4 条直线去拟合原始多边形。主轴线法是建立在最小面积外接矩形的长边始终与主轴线平行的假设基础上的,然而在某些情况下该假设并不成立。如图 5-20 所示中一个类似菱形的多边形,其最小面积外接矩形的长边与主轴线并不平行 。由此可见,传统方法仍然存在缺陷。

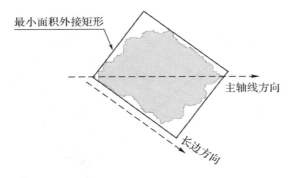

图 5-20　最小面积外接矩形的长边与主轴线不平行的情况

为此,本书提出了一种结合最小凸包和旋转法的最小面积外接矩形求解算

---

① 最小绑定矩形,简称 MBR (Minimum Bounding Rectangle),即用多边形点集里的最小坐标和最大坐标来确定的矩形。

法,具体步骤如下:①计算原始多边形的最小凸包①,可运用 Graham 扫描法或 Jarvis 步进法(由于算法较经典,本书不再赘述);②选取最小凸包的起始边,将该边旋转到与横轴平行;③计算此时凸包的最小绑定矩形,记录下其面积;④遍历凸包的所有边,重复步骤②~③;⑤取面积最小者,将对应的最小绑定矩形逆向旋转回去,即得到需要的最小面积外接矩形。

由于任意多边形的最小面积外接矩形必然与对应的最小凸包的一条边重合,因此本书相较于传统旋转法和主轴线法而言更加精确。而传统旋转法需要旋转 $90/a$ 次,而在实际应用中为保证精度,a 的阈值一般不超过 0.1,因此通常需要作 900 次以上的旋转。而本书方法旋转次数为最小凸包的边数,一般情况下,多边形最小凸包的边数远小于 900,因此本书方法需旋转的次数更少,计算效率更高。

2. 确定四个断点

获取最小面积外接矩形的目的在于确定理想断点。确定断点的计算方法较为简单。首先设最小面积外接矩形的 4 个角点分别为 A,B,C,D,然后从原始多边形点集中找到分别与 4 个角点距离最近的 4 个节点 a,b,c,d。则这四个节点就是需要的理想断点,如图 5-21 所示。该过程只需遍历一次原始多边形点集即可,运算速度较快。

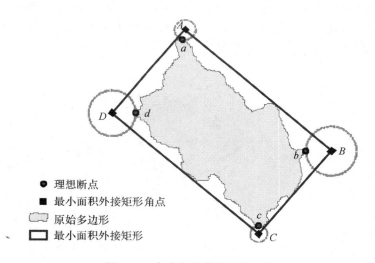

图 5-21　角点与较佳断点的关系

---

①　对于一个集合 D,所有包含 D 的凸集之交中,面积最小者称为 D 的最小凸包。

3.直线拟合

得到的 4 个理想断点将原始多边形分成了 4 段。传统方法是直接采用最小二乘法分别对各段进行直线拟合,并对所获 4 条直线求交,得到最终的拟合多边形。该方法虽然可以保证每条拟合直线与对应分段的点集之间的误差最小,但所得 4 条直线并不保证"对边平行、邻边垂直"的关系,因此不是真正意义上的矩形拟合。

为获得规则矩形的拟合结果,并尽可能减少运算量,本书充分利用最小面积外接矩形与理想优化结果之间的近似关系,提出了一种简化的直线拟合方法,其具体步骤如下:

(1)获取上述所求最小面积外接矩形 4 条边界的斜率,假设分别为 $k_1 = m$,$k_2 = \dfrac{-1}{m}$,$k_3 = m$,$k_4 = \dfrac{-1}{m}$,$(m \neq 0)$(垂直两边的斜率互为负倒数,平行两边的斜率相同。由于 k 等于 0 或者无穷大时,算法更加简便,故此处只考虑一般情况)。

(2)选取原始多边形的一条分段,设与该分段相对应的理想矩形一边的直线方程为 $y = ax + b$。为简化计算,本书方法设定该直线与最小面积外接矩形的对应边(如斜率为 $k_1 = m$ 的那条边)平行,则直线分成为 $y = mx + b$。

(3)原始多边形中该分段与直线的平方误差和公式为

$$\text{err} = \sum \left[y_i - (mx_i + b) \right]^2$$

err 对 b 求一阶偏导数,当一阶偏导数为 0 时,误差最小,故:

$$\frac{\partial \text{err}}{\partial b} = -2\left(\sum x_i y_i - m \sum x_i^2 - b \sum x_i \right) = 0$$

$$b = \frac{\sum y_i - m \sum x_i}{n} \ (n\ 为该分段的节点数)$$

(4)得到该分段的拟合直线方程为:

$$y = mx + \frac{\sum y_i - m \sum x_i}{n}$$

(5)采用同样方法求得其他 3 条分段的拟合直线方程。

(6)最后求取 4 条拟合直线的交点,即得到最终呈规则矩形的优化结果。

5.4.3　实验结果与分析

这里以某组团住宅建筑的初始矢量化图形为例,采用本书所述面向建筑群的矩形拟合优化方法进行实验。原始多边形如图 5-22(a)所示,由于离散数据栅格化误差、空间分辨率的局限以及噪声的干扰,原始多边形的矢量边界起伏波动较多,缺乏人工构筑物应有的规则几何形体特征。对此,首先使用本书提出的最小凸包和旋转法相结合的算法,求得每个多边形的最小面积外接矩形(见图 5-22(b))。其次从原始多边形点集中找到与其最小面积外接矩形 4 角点距离最近的节点,作为理想断点(见图 5-22(b)中的黑点)。再次根据本书所提的直线拟合算法,求出每个分段的拟合直线,这些拟合直线与最小面积外接矩形的对应边平行。最后对 4 条拟合直线求交,得到最终的优化结果,如图 5-22(c)所示。

从形态上看,优化结果中每个建筑多边形轮廓均变成了具有人工构筑物特征的规则矩形形态,主朝向、面宽、进深等主要形状特征得到了较好保留,多边形点集得到充分精简(只剩 4 个节点)。同时对于结构较复杂的多边形,也得到了较理想的优化结果(如图 5-22(a)中右下角的"U"形多边形),体现了本书算法的鲁棒性。

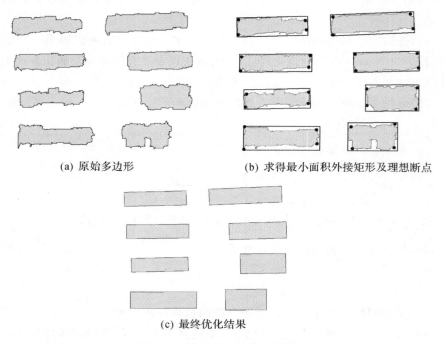

(a) 原始多边形　　　　　　(b) 求得最小面积外接矩形及理想断点

(c) 最终优化结果

图 5-22　本书方法的优化过程

本书对原始多边形和最终拟合多边形的面积误差进行了统计,结果如表 5-4所示。8 个多边形,面积误差百分比最大为 7.77%,最小 0.43%,平均 4.64%。该结果对于大尺度城市建筑群而言,已经达到了较高的精度水平,可以满足后期三维重建的应用需求。

表 5-4　面积误差统计表

编　号	原始多边形面积 （m²）	拟合多边形面积 （m²）	面积误差绝对值 （m²）	误差百分比 （%）
1	463.25	485.75	22.50	4.86
2	558.00	540.25	17.75	3.18
3	382.00	410.25	28.25	7.40
4	532.50	502.50	30.00	5.63
5	456.50	477.00	20.50	4.49
6	517.25	519.50	2.25	0.43
7	456.75	492.25	35.50	7.77
8	617.75	597.25	20.50	3.32
平均				4.64

（注：误差百分比＝面积误差绝对值/原始多边形面积）

　　由此可见，本书所提面向建筑群的矩形拟合优化方法无论在形态上，还是在面积精度上，均达到了较理想的效果，为后续基于规则几何形体的建筑基元提取与三维建模奠定了基础。

5.5　本章小结

　　矢量图形优化是建筑群目标识别子框架的另一个关键环节，其目的在于减少矢量边界的冗余节点、最大限度地逼近地物的真实轮廓和原始形态。

　　首先，介绍了矢量图形优化的相关概念、常见优化方法，并指出当前存在的主要问题。

　　其次，针对经典 DP 算法在优化效率上有待进一步提升的问题，提出了基于删除代价的矢量图形单层次优化方法，其核心在于 DCA 算法，该算法先为所有中间节点计算删除代价，每次压缩从代价最小处进行，压缩后只需更新相邻两节点的删除代价即可。该算法可以显著减少运算量、有效避免重要特征点的误删、提高压缩精度。通过数理分析方式证明了经典 DP 算法是一种简化的 DCA 算法，在某些特殊情况下前者不如后者精确，而且在距离运算部分后者具有更低的时间复杂度。此外，从等处理率、等压缩率两方面进行了实验比较，证明了 DCA 算法的单位节点处理能力和等压缩率下的处理速度具有显著优势。

　　再次,针对现有方法大多是"单层次"优化,不符合地物的多层次特性的问题,提出了面向遥感影像矢量化图形的多层次优化方法。该方法先保证直连点的纳入,接着对边界进行平滑处理以削弱锯齿等误差,然后通过单层次压缩去除大部分非特征点,最后执行多层次压缩,使各类地物的边界最大限度得逼近其真实轮廓。单层次、多层次压缩均采用DCA算法,区别在于前者采用全局统一的删除代价阈值,而后者是依据平均弧段长度而赋予每条边界不同的删除代价阈值。大量对比实验结果表明,相较于传统优化方法,该方法对影像分割尺度和影像空间分辨率具有更强的适应性,而且能够使不同地物具有不同的规则度,较好地还原了地物的多层次特性,提高了优化精度。

　　最后,还针对传统方法的优化结果普遍缺乏人工构筑物的规则几何特征、缺乏专门针对建筑物轮廓的优化方法的问题,提出了面向建筑群的矩形拟合优化方法。该方法先利用最小凸包和旋转法相结合的算法,求取建筑多边形的最小面积外接矩形,然后将多边形中与最小面积外接矩形四个角点距离最近的节点作为理想断点,接着对断点划分成的四小段进行直线拟合,并确保对应边的平行关系和相邻边的垂直关系,最后求取四条直线的交点,得到最终的优化结果。实验结果表明,该方法无论在形态上还是面积精度上,均达到了较理想的效果,为后续基于规则几何形体的建筑基元提取与三维建模奠定了基础。

第6章　面向城市建筑群的三维信息提取及坐标修正

6.1　基于扩展统计模型的建筑群高度提取方法

6.1.1　建筑高度提取研究现状

目前,高分辨率卫星影像数据(主要有 SPOT、QuickBird、IKO-NOS、ORBITVIEW、GEOEYE 等)已经成为建筑高度提取的重要数据源。有关研究人员提出了多种基于遥感影像的建筑物高度提取方法,其中绝大多数都是基于建筑物阴影的高度计算模型。刘龙飞等(2010)将现有的这类模型进行了总结,概括出以下五类:

1.统计模型

由于在地理跨度小于5km 的同一景影像中,任意两点的太阳方位角、高度角、卫星高度角等差别甚微,可忽略不计,因而建筑物的高度只与阴影的长度有关,即可表示为

$$H = k \times L \tag{6.1}$$

其中,k 为由各种角度综合确定的一个常数;L 为建筑物阴影的图面长度。董玉森等(2002)利用已知建筑的高度和影像上对应的阴影长度,反推出 k,进而利用影像中的阴影信息计算出其他建筑的高度,获得了误差在 1m 以内的提取精度。

2.简单剖面模型

如图 6-1 所示,当卫星和太阳在建筑物同侧时,高度按照式(6.2)计算;在异侧时,高度按照式(6.3)计算(何国金等,2001)。

$$H = L \times \tan \omega \times \tan \theta / (\tan \omega - \tan \theta) \tag{6.2}$$

$$H = L / \tan \theta \tag{6.3}$$

其中,L 为地面上的可见阴影;ω 为卫星高度角;θ 是太阳高度角(下同)。

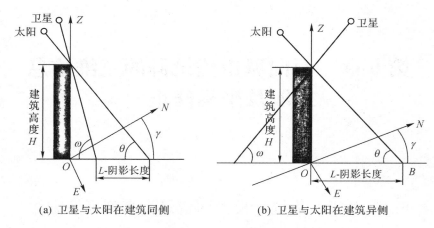

(a) 卫星与太阳在建筑同侧　　　　　(b) 卫星与太阳在建筑异侧

图 6-1　简单剖面模型(刘龙飞等,2010)

3. 简单几何模型

董玉森(2002)和田新光(2008)等在上述模型假设条件的基础上,考虑太阳方位角引起的误差,提出基于 Quick Bird 影像的建筑高度提取方法,其卫星、太阳同侧和异侧时的计算公式分别为

$$H = L \times \tan\omega \times \tan\theta / (\tan\omega - \tan\theta) \times \cos(\gamma - \pi) \tag{6.4}$$

$$H = [L \times \cos(\gamma - \pi) \times \tan^2\omega \times \tan\theta / (\tan\theta - \tan\omega)] / [(\tan\omega + \cos(\gamma - \pi) \times \tan\omega \times \tan\theta / (\tan\theta - \tan\omega)] \tag{6.5}$$

其中,γ 为太阳的方位角(下同)。

4. 几何位置模型

上述模型没有考虑到卫星、太阳的方位角对技术精度的影响。为了进一步提高精度,谢军飞(2004)、李锦业等(2007)提出需分以下三种情况建立建筑物高度计算模型:①太阳方位角与卫星方位角相等时采用式(6.2);②两方位角相差180°时采用式(6.3);③两方位角差在0°~180°时采用与图6-2对应的式(6.6):

$$H = [A''A'''\cos(\text{asin}(\sin(\gamma - \alpha) \times \text{ctan}\omega / (\text{ctan}\theta^2 - \text{ctan}\omega^2 - 2\cos(\gamma - \alpha)\text{ctan}\omega\text{ctan}\theta)^{0.5}))] / [(\text{ctan}\theta^2 + \text{ctan}\omega^2 - 2\cos(\gamma - \alpha)\text{ctan}\omega\text{ctan}\theta)^{0.5}] \tag{6.6}$$

其中,α 为卫星方位角。

5. 精准计算模型

若要得到精准的建筑物高度,还需要额外的参数。张桂芳等(2007)提出了利用垂直于建筑主方向的阴影长度计算建筑高度的算法,如式(6.7)。冉琼等(2008)、刘龙飞等(2010)也提出了相似的精准计算模型。

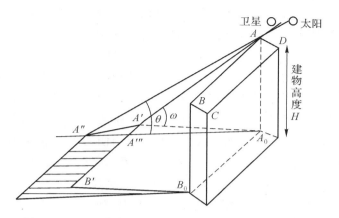

图 6-2　卫星成像示意(谢军飞等,2004;刘龙飞等,2010)

$$H = L\sin \omega \sin \theta/(\sin \omega \cos \theta \sin \gamma - \cos \omega \sin \theta \sin \alpha) \qquad (6.7)$$

其中,L 为垂直于建筑物的地面阴影长度;γ 为太阳方位与建筑物方位之间的夹角;α 为卫星方位与建筑物方位之间的夹角。

　　分析上述五类模型,可以发现两个问题:①建筑的高度计算模型主要是借助建筑物的阴影信息。然而阴影的局限性很强,极易受干扰,比如日照光线较弱导致阴影模糊、阴影落于其他建筑或者灌木上、阴影被自身建筑遮挡等情况下,都难以精确提取高度。②计算模型的发展经历了由简到繁、参数由少到多的过程。然而随着参数的增加,模型的复杂性和应用门槛也在不断提高,普适性和易用性逐渐减弱。而且在太阳高度角、方位角、卫星高度角等参数未知的情况下,大部分模型均会失效。

6.1.2　基于扩展统计模型的建筑群高度提取

1.方法概述

　　太阳高度角、方位角、卫星高度角等影像参数对于普通大众来说过于复杂,提取这些信息也需要一定的专业知识和技术背景。此外,通过某些便捷途径(如从 Google Earth、Baidu Map、天地图等网络客户端截取)获取的遥感影像并不附带这些参数,如果选择依赖于这些参数的计算模型,将导致大量潜在的研究和应用无法开展。为使整套解决方案尽可能体现低成本、低门槛和高效率的大众化特性,本书选择了参数最少、计算最简便、最通俗易懂的统计模型作为大尺度城市建筑群高度提取的基础模型,并从纵、横两个方向对传统统计模型进行了扩展:①从横向——"模型的检测对象"出发,在原有建筑物阴影信息的基础上,引入更易观察和测量的建筑物立面信息,使模型更具选择性和灵活性;

②从纵向——"模型的技术体系"出发,提出了一系列适用于大尺度城市建筑群高度提取的便捷、可行方案,充实了模型的现有技术体系。

2. 横向扩展

传统统计模型的检测对象主要为建筑物的阴影,利用阴影与建筑高度之间近似固定的比例关系来计算所有建筑的高度。它的前提条件是必须获得准确的阴影长度信息。然而阴影并非实物,受光线、距离和环境的影响,局部极易变得模糊。而且卫星在拍摄时或多或少会有一定的倾斜角度,导致局部阴影被自身建筑所遮挡。此外,当阴影落于其他建筑或灌木上时,其准确长度难以确定。由此可见,以阴影作为唯一的检测对象将使传统统计模型具有很大的局限性。

为此,本书引入建筑物立面信息作为统计模型的另一个辅助检测对象。事实上,建筑立面具有更多优势:①为呈现更多的细节信息,大部分遥感影像产品都是在卫星和太阳在同侧时拍摄的,因此影像中建筑立面在前、阴影在后,立面信息较阴影信息更为清楚和全面;②由于城市建筑物前后一般都满足一定的日照间距要求,因此大多数遥感影像中的建筑立面不会被其他建筑遮挡,而阴影则经常被遮挡;③当建筑底层位于其他建筑之上时,由于两者立面清晰可见,可通过累加方便地获得上层建筑的实际立面长度[①];④建筑屋顶的局部构筑物会影响人们对阴影长度的判断,而立面测量可以排除这些构筑物的干扰。

我们对式(6.1)进行了重新定义:

$$H = k'L' \tag{6.8}$$

其中,H 为建筑物的实际高度;L' 为建筑物立面或阴影的图面长度;k' 为系数(建筑物立面或阴影长度与实际高度的比值)。在同景影像、地理跨度小于 5km 的情况下,k' 可近似看作一个固定值。由于介绍阴影长度量算方法的文献资料较多,因此本书重点介绍立面长度的量算方法。它包括普通量算和累加量算两种模式:前者针对底部没有裙房的建筑物,量取屋顶点和地面对应点之间的距离即可,如图 6-3(a)中三对圆点示意了三组可行的长度量取方案;后者针对底部有裙房的建筑,在量取上层建筑的立面长度时,需要将上、下两层的建筑立面长度累加,如图 6-3(b)中需将两对圆点的长度累加。为避免两次测量,可以将上层建筑立面的测量线向下延伸一段,使该段长度与下层建筑立面的长度相同。

考虑到技术稳定性和误差控制,本书采用传统统计模型的通用方式——手动交互来量取建筑物立面的图面长度 L'。这种方式虽然略显机械和烦琐,但

---

① 本书所述的立面长度均为遥感影像图面上的长度。

(a) 普通量算模式　　　　　　　　(b) 累加量算模式

图 6-3　建筑立面长度量算方法示意图

是精度可以得到保证,而且在城市小区中很多建筑具有相同高度,可以通过复制 L' 数值来的方式避免重复度量,大大减少了交互量。笔者为此专门开发了"图面距离测量工具"和"建筑指标复制工具",大大简化了距离度量和指标复制操作(参见附录 2 的相关内容)。

3. 纵向扩展

由上可知,式(6.8)中的 L' 可以通过手动交互量取,那么要想获得建筑实际高度 H ,必须先求得系数 k' ,所有统计模型的关键也正在于此。从现有研究来看,多数是在实验之前已经获得了样本的精确测绘地形图数据,利用该数据中的样本实际高度与立面长度的比值来获得 k' 。然而,由于当前我国对高精度测绘数据的监管较为严格,普通大众难以获得。而且测绘数据制作周期长、成本高、更新慢、时效性无法得到保证。为此,本书总结了在应用过程中可能遇到的各种情况,归纳出以下 4 种求取 k' 值的高效技术方案:

(1)利用测绘电子地形图

要提取某个区域的城市建筑群高度,最佳的情况是收集到该区域的局部高精度二维测绘电子地形图,从中提取若干建筑物样本的实际高度 H_i ,并将其与对应建筑的立面长度 L_i 相除,通过式(6.9)得到 k' ,其中 n 表示样本个数。

$$k' = \frac{1}{n}\sum_{i=1}^{n}\frac{H_i}{L_i} \tag{6.9}$$

该方法精度高、简单方便,但在多数情况下条件难以具备,因此不是最理想的大众化方案。

(2)借助已知楼层数和层高经验值

如果缺乏高精确的测绘电子地形图,但是已经知道或者通过高精度遥感影像图的立面信息可以辨别出某些建筑样本的精确楼层数 F_i ,则可以借助层高

109

经验值 h 和式(6.10)得到 k'：

$$k' = \frac{1}{n}\sum_{i=1}^{n}\frac{h \times F_i}{L_i} \tag{6.10}$$

在选择建筑样本时，应尽量选择楼层层高均匀、底层不含架空层或储藏室的住宅建筑。因为根据《住宅设计规范》(GB 50096—2011)等法律规范的要求，以及开发商出于经济利益的考虑，住宅的层高经验值普遍在 2.8～3.0m 这一较小的区间浮动，误差较小。

(3)借助公共电子地图及层高经验值

然而，很多情况下，我们并不熟悉研究区域的建筑真实层数情况，而且通过遥感影像上的立面信息有时也无法准确分辨出建筑层数。这时，可以查阅某些免费的公共电子地图来获取对应建筑样本的层数信息，目前可利用的电子地图包括 2.5 维的 E 都市、都市圈和城市来了，含街景影像的城市吧、SOSO 街景和我秀中国等。从图 6-4 中列举的各类电子地图截图影像可以发现，建筑层数清晰可见，借此根据式(6.10)即可求得 k'。

| (a) E都市截图 | (b) 都市圈截图 | (c) 城市来了截图 |
| (d) 城市吧截图 | (e) SOSO街景截图 | (f) 我秀中国截图 |

图 6-4　公共电子地图影像(来源:各电子地图网站截图)

(4)实地测量

如果我们既没有测绘数据，又无法通过上述两种方式获得层数信息，那么最后可以通过实地测量的方法求得建筑样本的实际高度,主要包括悬高法(杨长江等,2005;段志彪等,2007;张鹏等,2008)、钢尺丈量法(辛大永,2010)、GPS高差法(赵斌,2010)等,然后根据式(6.9)求得 k' 值。

6.1.3　实验结果与分析

本书以杭州市某居住小区为实验对象(见图 6-5),图 6-5(a)中灰色多边形为经过影像分割、矢量化及基元分类、矢量边界优化等操作得到的建筑物屋顶基元。本次实验拟以建筑立面信息为检测对象,并借助公共电子地图及层高经验值,获取该小区所有建筑的高度。我们首先选取了 8 个建筑样本,设定平均层高经验值为 2.9m,从图 6-5(b)中分别获取它们的实际层数信息,并根据式(6.10)得到 $k'=1.27$。接着交互量取图面上其他建筑的立面长度,根据式(6.8)即可得到所有建筑的高实际度 H'。

(a) 遥感影像图　　　　　　　　(b) E 都市 2.5 维地图

图 6-5　杭州市某居住小区的原始影像资料(来源:Google Earth、E 都市截图)

为了验证计算精度,我们从上述结果中随机抽取了 10 个建筑单体进行高度误差检测,得到如表 6-1 所示的检测结果。其中平均误差为 0.80m,最大误差绝对值为 1.49m,可见,本书所述的基于扩展统计模型的建筑群高度提取方法能够达到较高的提取精度。

表 6-1　建筑高度误差抽样统计表

样本编号	模型计算高度(m)	实际高度(m)	误差绝对值(m)
1	49.04	50.08	1.04
2	51.96	53.41	1.45
3	18.42	19.32	0.90

续　表

样本编号	模型计算高度(m)	实际高度(m)	误差绝对值(m)
4	39.95	38.51	1.44
5	21.71	22.14	0.43
6	22.39	22.26	0.13
7	37.97	38.45	0.48
8	18.38	18.65	0.27
9	53.23	53.55	0.32
10	20.45	21.94	1.49
平均误差			0.80

6.2　城市建筑群层数估算模型

前面我们已经获得了所有建筑物的高度信息,事实上该信息已经足够将二维平面拉伸变成为简单的三维模型。但是,这样的模型缺乏必要的楼层分割,缺乏真实感,而且贴立面材质时会产生很多问题。而且,缺乏层数信息的模型将导致很多重要的经济技术指标(如总建筑面积、容积率、投资预算等)无法统计,使很多后续的分析、研究和应用无法开展。因此,必须在获得建筑物高度信息之后,对层数信息进行计算。

由于城市建筑群空间尺度大、建筑数量多,靠人工逐个精确统计各建筑层数是一件极其烦琐的任务。因此,在保证整体建筑群空间形态准确、容许单体建筑存在少量误差的前提下,本书提出了统一层高模型、类型差异模型、首层差异模型这三种城市建筑群层数估算模型。

6.2.1　三种层数估算模型

1.统一层高模型

统一层高模型是最简单的一种层数估算模型,它假设整个城市区域的所有建筑物具有相同的层高,然而根据式(6.11)获得每个建筑物的粗略层数信息。

$$F_i = \left[\frac{H_i}{h} \right] \tag{6.11}$$

其中,H_i 为建筑高度;h 为统一的层高;F_i 为层数;[]代表四舍五入取整运算。

该模型的优势在于算法简单、不需要考虑其他因素、工作量小;而缺点在于统一层高 h 的确定具有一定的主观性,估算出的层数误差较大。因此,该模型比较适合于空间尺度特别巨大、建筑数量特别多,而精度要求较低的情况。

2. 类型差异模型

事实上,不同类型的建筑,其层高具有较大的差异性,例如住宅的层高一般在 2.8~3.0m,商业办公类建筑的层高一般在 3.0~5.0m,而工业厂房的层高则可以达到 5.0m 以上。如果用统一的层高来代替这个差异性,误差必然较大。

为此,本书在统一层高模型的基础上考虑建筑类型因素,提出了类型差异模型,其定义为

$$F_s = \left[\frac{H_s}{h_s}\right], s \in \{R, A, M\} \tag{6.12}$$

其中, s 代表住宅 R、商业办公 A、工业建筑 M 中的一种,其他参数同上。这样,不同建筑类型具有不同的平均高度 h_s,计算出来的建筑层数将更加接近真实数据。

3. 首层差异模型

类型差异模型考虑了建筑类型对平均层高的影响,在一定程度上提高了计算精度。然而,该模型假设建筑单体的各楼层层高相同,这与真实情况往往存在出入,比如商业办公类建筑的底下 1~2 层往往具有更大的层高,住宅楼首层通常为沿街商铺、架空层、储藏室、地上或半地下车库等,其层高与标准层也存在差异。

为了进一步提高精度,本书在类型差异模型的基础上,引入各建筑类型的首层平均高度,提出了首层差异模型,其定义为

$$F_s = \left[\frac{H_s - f_s}{h_s}\right] + 1, s \in \{R, A, M\} \tag{6.13}$$

其中, f_s 表示为 s 类型建筑的首层平均层高; h_s 则代表 s 类型建筑的标准楼层平均层高,其他参数同上。

需要说明的是,该模型仍然无法涵盖所有情况,例如某些商业建筑底下 2~3 层的层高均与标准层不同,住宅的跃层层高也往往与标准层有差异。事实上,任何一种简化模型,在面对成百上千甚至上万的城市建筑群时,也不可能涵盖所有情况。本书提出的首层差异模型,是在追求较高精度与充分简化计算过程之间达到的一个相对平衡点。从下面的实验分析可以看到,虽然该模型只区分了首层层高和标准层层高,但其计算精度已经达到了较高水平,可以满足大尺度城市建筑群的建模需求。

6.2.2 实验结果与分析

为分析各层数估算模型的精度,本书继续以图 6-5 中所示的居住小区为例,依次采用三种模型进行层数估算实验。在实验前每个建筑单体已经获取了各自的高度信息。

在应用统一层高模型时,设置其统一平均层高 h 为 3.12m;在应用类型差异模型时,住宅平均层高取 2.96m,商业办公类建筑平均层高为 3.72m,实验区域无工业建筑;在应用首层差异模型时,住宅首层和标准层层高分别取 3.00m 和 2.90m,商业办公建筑首层和标准层层高分别取 4.52m 和 3.22m。上述这些平均层高数值,是通过抽取若干建筑单体样本,将其高度数值与从图 6-5(b)中获得的实际层数相除,统计平均值获得的。

最后,我们将三次实验的估算结果与实际层高数据进行抽样对比,得到如表 6-2 所示的结果。

表 6-2　不同模型的层数估算结果对比

模型类别	样本数（栋）	平均误差（层）	最大绝对误差（层）	均方根误差（层）
统一层高模型	15	1.93	4	2.41
类型差异模型	15	1.26	3	1.52
首层差异模型	15	0.60	2	0.85

由表 6-2 可见,统一层高模型的精度最低,最大绝对值误差达到 4 层,平均层数误差接近 2 层。而其他两种模型的精度依次递增,其中类型差异模型的平均误差和均方根误差控制在 1.5 层左右,而首层差异模型的平均误差和均方根误差甚至小于 0.9 层,达到了较高的精度水平,基本可以满足大部分应用需求。

6.3　针对侧向航拍影像的建筑群坐标修正方法

6.3.1 坐标误差的原因分析

前面阐述了如何借助侧向航拍影像中的立面信息,提取建筑物高度,进而估算建筑层数。此类侧向航拍影像一方面为提取三维信息提供了便利,另一方面也造成了建筑基元的坐标误差,如图 6-6 所示。

图 6-6　建筑基元坐标误差示意

　　图中 a,b 分别为建筑 A,B 地面外轮廓上的两点,直线段 $\overline{ab}$ 的长度即为这两点之间的真实距离。a',b' 为 a,b 两点在屋顶上的对应点,可以看到由于侧向拍摄角度的关系,这两点均在地面点的基础上向同一方向偏移了一定距离。直线段 $\overline{a'b'}$ 与 $\overline{ab}$ 之间的长度差可以表示为

$$\Delta L = L_{a'b'} - L_{ab} = \sqrt{(X_{a'} - X_{b'})^2 + (Y_{a'} - Y_{b'})^2} - \sqrt{(X_a - X_b)^2 + (Y_a - Y_b)^2}$$
$$= \sqrt{(X_a - X_b + L_{aa'}\cos\theta - L_{bb'}\cos\theta)^2 + (Y_a - Y_b + L_{aa'}\sin\theta - L_{bb'}\sin\theta)^2}$$
$$- \sqrt{(X_a - X_b)^2 + (Y_a - Y_b)^2} \tag{6.14}$$

其中,θ 为直线段 $\overline{aa'}$ 或 $\overline{bb'}$ 与水平轴线的夹角。

　　由式(6.14)可见,当 $L_{aa'} = L_{bb'}$ 时,$\Delta L = 0$,说明当两建筑高度相同时,拍摄倾角对两建筑之间的相对坐标位置关系没有影响,只对绝对坐标有影响;反之,则 $\Delta L \neq 0$,说明当两建筑高度不相同时,拍摄倾角对两建筑之间的相对坐标和绝对坐标均有影响,而且随着高差增大,相对位置偏移也越大。

　　可见,影像拍摄时的倾角,导致了建筑屋顶面整体向某一方向偏移,即产生了坐标误差。而建筑的高度决定了偏移距离的长短,即影响误差的大小程度。

6.3.2 建筑群坐标修正方法

上述分析说明,从侧向航拍影像中提取的建筑基元(对应于建筑屋顶)不是整体向某个方向偏移相同的距离,而是根据建筑高度的不同而偏移不同的距离,这导致了建筑相互之间的位置关系发生了变化。为此,必须根据建筑高度对建筑基元进行坐标修正,其最终目标是将所有与屋顶对应的建筑基元移动到建筑在地面上的垂直投影处。

考虑到在空间跨度不大(5km之内)的同一景侧向航拍影像中,所有屋顶与地面投影的偏移角度 θ 几乎相同,偏移距离与立面长度呈线性关系,因此本书提出了如下的坐标修正方法:

$$X_i = X_{i'} - \frac{L}{\sqrt{1+\tan^2\theta}}(\tan\theta \geqslant 0) \text{ 或 } X_{i'} + \frac{L}{\sqrt{1+\tan^2\theta}}(\tan\theta < 0)$$

$$Y_i = Y_{i'} - \frac{\tan\theta \times L}{\sqrt{1+\tan^2\theta}} \tag{6.15}$$

其中,$X_{i'}$,$Y_{i'}$ 表示当前的建筑基元多边形上 i 点的坐标;X_i,Y_i 为该点修正后的坐标;θ 为屋顶与地面投影的偏移角度;L 为该建筑的立面长度(即屋顶与地面投影间的图面距离)。

本书以图 6-5(a)中的建筑基元为例,将屋顶与地面投影的统一偏移角 θ 以及每个建筑单体的立面长度 L 代入公式(6.15),进行坐标修正,最终结果如图 6-7 所示。从图 6-7(a)可以看到,按照上述计算公式,每个建筑基元已经被恰当地移到建筑在地面上的垂直投影处,说明坐标已经得到有效修正。其次,从图

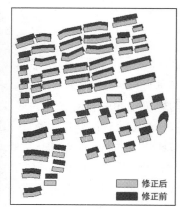

(a) 坐标修正结果   (b) 坐标修正前后对比

图 6-7　坐标修正结果

6-7(b)中可以看到,修正前后建筑基元之间的距离有长有短,这恰恰验证了建筑高度与偏移距离之间存在线性关系。

6.4　本章小结

三维信息提取及坐标修正也是建筑群目标识别子系统中的又一关键环节,其目的在于从二维遥感影像中获取建筑的高度和层数信息,并修正由侧向航拍造成的坐标误差。

本章针对传统建筑物高度计算模型所借助的阴影信息局限性强、易受干扰,以及模型参数过多、过于复杂、普适性较差等问题,提出了基于扩展统计模型的建筑群高度提取方法。该方法首先从横向——"模型的检测对象"出发,在原有建筑物阴影信息的基础上,引入更易观察和测量的建筑物立面信息,使模型更具选择性和灵活性;其次从纵向——"模型的技术体系"出发,提出了四种适用于大尺度城市建筑群高度提取的便捷、可行方案,充实了模型的现有技术体系。实验结果表明,该方法能够获得较高的提取精度。

本章在保证整体建筑群空间形态准确、容许单体存在少量误差的前提下,提出了统一层高模型、类型差异模型、首层差异模型这三种不同精度的城市建筑群层数估算模型,为快速、自动获取成片建筑群的层数信息提供了条件。实验结果表明,三种模型的层数估算精度均可以满足各自不同的应用需求。

本章还对侧向航拍影像中建筑群坐标误差形成的原因进行了详细分析,提出了相应的修正方法,为建筑群目标的精准定位提供了条件。

第7章　面向城市建筑群的参数化建模

7.1　概　述

进入 21 世纪以来,数字城市得到了空前的发展,已成为最具发展潜力的战略性高技术领域之一,也是国家竞争力的重要体现。在数字城市的各类应用系统中,三维城市模型正逐渐取代二维城市地图,成为城市规划与管理、公共安全、交通导航等诸多领域的基础地理空间信息表达形式,其优势在于:①三维模型能够表现更丰富的空间信息,具有更强的真实感;②支持虚拟场景漫游和多视角观察,提供更具人性化的交互方式和沉浸式的全方位体验;③使基于三维空间的分析和定量化研究(如建筑日照分析、可视域分析、天际线分析等)成为可能。本章重点研究城市建筑群的三维建模方法。

传统建筑群建模主要借助商业化的三维设计软件(如 3DMAX、Google SketchUp 等)、采用手工交互的建模方式,该方式对于大尺度城市场景而言制作周期长,成本高,时效性差,对建模人员技术水平的依赖性强。因此近年来,高效的参数化建模技术被逐步应用到建筑设计(包括建模)过程中,大大提高了效率,降低了成本。

目前,在建筑设计领域使用较多的参数化设计技术平台主要有以下几种:①Grasshopper,它是一款在 Rhino 环境下运行的采用程序算法生成模型的插件。不同于 Rhino Scrip,它不需要任何程序语言的知识就可以通过一些简单的流程方法达到设计师所想要的模型。②ParaCloud,是 Rhino 的另一款插件,可以将 Excel 的电子表格转换成功能强大的参数建模器,用以扩充 CAD 软件的功能。它提供 Rhino 自我衍生设计能力,其参数控制可以直觉并精确地编辑 Fabrication、Construction 与 Performative 性质的研究设计。③Catia 是法国 Dassault System 公司的 CAD/CAE/CAM 一体化软件,其集成解决方案覆盖所有的产品设计与制造领域。在设计时,设计者不必考虑如何对设计目标进行参数化,Catia 提供了变量驱动及后参数化能力。④Digital Project 由 Gehry

Technologies 在 Catia V5 平台上开发，基于 Catia 的盖里技术，目前已被世界上很多顶级的建筑师和工程师所采用。⑤Generative Components，基于 Bently 公司的 Microstation 平台，有一整套完整的解决方案，与 Grasshopper 比较起来省略了 Rhino 转换到 AutoCAD 这一步骤。⑥Formz，是目前市面上最强大的 3D 绘图软件之一，具有很多广泛而独特的 2D/3D 形状处理和雕塑功能的多用途实体和平面建模软件，对于建筑师、规划师而言是一个有效率的设计工具。⑦Revit，基于 AutoDesk 的 AutoCAD，是完整的、针对特定专业的建筑设计和文档系统，支持所有阶段的设计和施工图纸，从概念性研究到最详细的施工图纸和明细表。Revit 平台的核心是 Revit 参数化更改引擎，它可以自动协调在任何位置（如在模型视图或图纸、明细表、剖面、平面图中）所做的更改。⑧VectorWorks，提供了许多精简但强大的建筑及产品工业设计所需的工具模组，在建筑设计、景观设计、机械设计、舞台及灯光设计及渲染等方面拥有专业化性能，利用它可以设计、显现及制作针对各种大小项目的详细计划。⑨Maya Script、3DMax Script、Revit Script，它们均是在原有三维建模功能的基础上，增加编程接口，使平台具有自定义扩展功能。⑩CityEngine，运用参数化技术，可以使二维数据快速生成三维场景，并能高效地进行规划设计。它对 ArcGIS 的完美支持，使很多已有的基础 GIS 数据不需转换即可迅速实现三维建模，减少了投资成本，缩短了建设周期。

但是，目前该技术存在以下问题：①目前多用于建筑单体或组团的表皮形态设计，在大尺度城市场景快速建模方面的应用较少；②建模非手动操作，而是由形式化或结构化的文法规则驱动，因此用户必须掌握特定的计算机语言，并需具备一定的编程能力，这对用户的知识、技术水平要求过高；③城市地物类型复杂多样，必须建立庞大的文法规则库，才能逼近真实世界复杂的空间形态，这导致参数化技术应用的前期投入较大；④参数化建模平台的操作较为复杂，对于普通设计人员而言难度较大，而其与传统计算机辅助设计软件平台（如 AutoCAD）又缺乏有效的衔接。这些问题都严重阻碍了参数化技术的普及和应用。

本书在第 3 章中构建了建筑群参数化建模子框架，形成了"参—建分离"（即参数管理与自动建模相分离）的架构雏形。本章将针对上述问题，对该系统架构作进一步深化，在此基础上对该架构包含的参数管理模块、服务网站模块和自动建模模块三大模型的核心技术问题进行攻关，提出一系列创新方法，并开发相应的原型系统。该研究成果将大大降低参数化系统的技术门槛和边际成本，显著提高建模效率，实现快速、简便、逼真地构建城市建筑群三维模型。

119

7.2 "参—建分离"的系统架构设计

在传统参数化建模系统中,参数管理和自动建模是整合在一起的,因此用户既需负责管理参数,又需负责编写生成规则、建立模型库等,这对于普通用户而言难度过大。为此,本书提出了"参—建分离"的系统架构,如图 7-1 所示。该架构由参数管理模块、服务网站模块、自动建模模块三部分组成,其中,参数管理模块是笔者在 AutoCAD 平台下开发的插件,负责将相应参数赋给各建筑图元;服务网站模块提供风格库查询、项目文件上传和模型文件下载等功能,是"参—建"之间的桥梁;自动建模模块利用自动化建模脚本调用文件格式转换工具、贴图库、CGA 规则库等,负责自动、快速地生成三维模型。

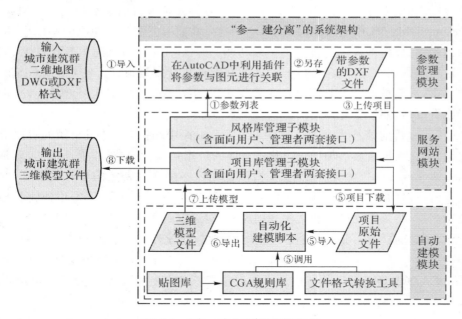

图 7-1 "参—建分离"的系统架构

整个系统架构的建模流程如下:①将城市建筑群二维地图以 DWG 或 DXF 格式导入参数管理模块,参照服务网站风格库管理子模块,将相应参数赋给各个地物图元,并另存为带参数的 DXF 文件;②将 DXF 文件经服务网站的项目管理子模块上传到服务器,并被自动建模模块自动下载获取;③自动建模模块启动自动化建模脚本,调用文件格式转换工具、CGA 规则库、贴图库等,快速、自动地建立起城市建筑群三维模型;④自动建模模块自动将三维模型文件上传到服务器;⑤用户通过服务网站的项目管理子模块下载到最终的三维模型文件。

在上述整个建模过程当中,用户只需在参数管理模块中(位于熟悉的AutoCAD 平台下)为图元赋予合适的参数,编辑完后上传到服务网站即可,剩下的复杂、烦琐、耗时的三维建模过程由位于服务端的自动建模模块自动完成,最终的三维模型可以从服务网站下载获得。利用该系统,以往需要数天甚至数周才能完成的建模任务,现在只需十几分钟即可完成,大幅度提高了建模效率。此外,传统参数化建模平台需要用户自己编写 CGA 规则、建立贴图库和规则库等,而本书所述系统已将这些内容预先设置,并集成封装在服务端的自动建模模块中,以数据库的形式供自动化建模脚本灵活调用。这种设计大大降低了参数化建模系统的技术门槛,为用户节省了前期投入成本。

7.3　参数管理模块设计

参数管理模块是内嵌于 AutoCAD 平台中的一个插件,主要负责为各个图元赋予所需的参数。针对该模块,本节重点对参数与图元的关联、参数的组织与管理、属性块的恢复机制、属性块的管理四大核心技术难点进行攻关,提出了一系列创新方法。

7.3.1　参数与图元的关联

参数化建模的首要条件是地理空间数据(即几何图元)与属性数据(本书也称为"参数")相关联。AutoCAD 平台虽然未提供直接实现该功能的机制,但目前存在三种间接使几何图元与参数相关联的方法:①利用"ArcGis for AutoCAD"插件,该插件可以在 AutoCAD 中创建 GIS"要素类"(Feature Classes),也可以在"要素类"下为图形增加"属性"(Attributres),但是在未运行插件时无法显示、查找、编辑这些属性;②利用扩展实体数据(XData),该方法虽然可以给任意图形实体和非图形实体添加扩展数据,但是从目前的 AutoCAD 最高版本来看,仍需要安装 Express 等扩展插件才能实现对扩展数据的编辑功能;③利用属性块①(Block with Attributes)(虞自奋,2008;郭平,2011),该方法

①　实际上是指带属性的块参照(reference with attributes),由于国内用户习惯将块参照和块定义统称为块,因此本书将其称为属性块。

不依赖于任何第三方插件,可以为任意图形实体或实体集添加属性数据,而且AutoCAD平台内也提供了属性块的简单编辑功能。因此,本书将采用属性块的方式来关联参数和图元。

然而,手工创建一个属性块非常烦琐,其步骤如下:①导入或绘制几何图元;②为每个参数创建一个属性定义(Attribute Definition),该步骤尤其烦琐;③同时选中几何图元和属性定义,创建并原坐标插入块。当有大量建筑需与参数关联时,手工创建几乎无法胜任。为此,本书采用 Visual Lisp(以下简称"VLisp")语言,程序化地模拟了上述流程,大大提高了效率。其算法流程如图7-2 所示。

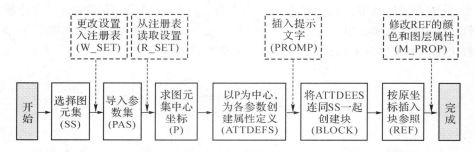

图 7-2　快速创建属性块的流程

首先,手动选择一个或者若干个图元,形成图元集 SS。其次,从指定的文件中导入参数集,其中的每个参数都包括"属性"、"提示文字"、"默认值"三个字段。接着,求出图元集的中心坐标 P,并为每个参数创建一个属性定义 ATTDEF,将它们以 P 点为中心自上而下依次排列。然后,将刚创建的属性定义 ATTDEFS,连同起始图元集 SS 一起,创建一个块。最后,按照原坐标插入块参照,至此整个流程结束。

图 7-2 流程中实线框表示基本步骤,虚线框表示可选步骤,这些可选步骤对于算法本身并非必需,但对于用户应用而言将大大提高灵活性和易用性,其中:①"从注册表读取设置"和"更改设置入注册表"分别用于读写注册表,这里读写的设置包括了一些用于控制属性块创建方式的变量,如"块模式"变量(有"整体"、"独立"两种赋值,前者将为多个选中图元创建一个属性块,如图 7-3(b)所示,后者将分别为每个图元创建一个属性块,如图 7-3(c)所示)、"插入方式"变量(用于确定是自动将图元集 SS 中心点 P 作为属性定义和提示文字的插入原点,还是手动选择插入原点)、"文字高度"变量(用于确定属性定义和提示文字创建时的字高)等;②"插入提示文字",是为了便于用户理解所创建的每个属性定义的含义而设置的;③"修改块参照的颜色属性",是为了与其他非属性块图

元作区分,同时可以用不同颜色代表不同的地物类型;④"修改块参照图层属性",是为了将所有属性块统一到一个专属图层上,方便后期管理。由本书所述方法最终生成的属性块如图 7-3(b)和(c)所示。

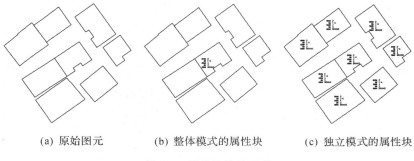

| (a) 原始图元 | (b) 整体模式的属性块 | (c) 独立模式的属性块 |

图 7-3　属性块效果示意

本书所提的上述流程中,除了第一步"选择图元集"需要少量的手动交互外,其他步骤均由计算机程序自动、快速完成,使用户得以从烦琐的手动操作中解脱出来,大大提高了参数与图元关联的效率。本书针对不同数量级的属性块创建任务(以每个图元创建一个属性块、每个属性块含 3 个属性定义为例),分别采用手工操作和本书方法进行多次试验,得到如表 7-1 所示的对比结果[①]。由表可见,手动操作的时耗随着图元数量的增多而显著增加,而本书方法的时耗,在图元数量级提高 3 级的情况下,仍然保持在一个很低的水平,效率优势非常明显。

表 7-1　效率对比表

图元数量(个)	属性块创建时耗(min)	
	手动操作	本书方法
1	2	1.5
10	6	2
100	15	2.5
1000	60	3.5

---

① 为了简便起见,此处实验中,所有图元所关联的属性定义均相同,属性定义的值也相同。这样手动操作可以先创建一组属性定义,然后用"多重复制"命令复制到每个图元的中心位置,最后分别为每个图元及对应属性定义创建属性块,这种方式可以提高手动操作效率。因此,表 7-1 是在上述这种有利于手动操作的情况下得出的结果。

7.3.2 参数的组织与管理

在上述创建属性块的流程中,需要从外部文件导入一个参数集,作为与图元关联的属性。这种依赖外部文件的管理方式具有很多局限性,例如:①用户只有打开外部文件才能清楚当前参数集的具体情况,不够直观;②由于城市地物图元所需要的参数集各不相同,因此需要经常修改参数,导致频繁在当前平台和外部文件之间切换,非常烦琐,且极易出错;③系统对外部文件中参数集的组织格式具有非常严格的要求,一旦格式出现问题,将无法实现相应功能,甚至导致 AutoCAD 平台崩溃,而手动操作外部文件则难以保证参数集组织格式的正确性。

因此,必须将参数的组织与管理整合到 AutoCAD 平台中来,并且提供人性化的交互对话框。目前,可用于 AutoCAD 对话框的设计的语言主要有:DCL、VBA、ObjectDCL 和 OpenDCL(兰度,2009)。DCL 是 AutoCAD 内置的对话框编程语言,不过它并不是一个可视化的编程环境,主要依靠开发者手动编辑代码,而且与 Lisp/VLisp 的数据交换和相互控制实现起来比较麻烦,难于掌握;VBA 是一个面向对象的编程环境,能提供丰富的开发功能,但是由于 VBA 是通过向 AutoCAD 发送大量命令响应来实现数据传递的,当与 Lisp/VLisp 进行大量数据通信时,会明显影响程序运行的稳定性和速度(胡长鹏等,2010);ObjectDCL 与 OpenDCL 均是可视化的对话框制作工具,提供了类似于 MFC 的消息响应机制,并且能够整合到独立的、相对安全的 VLX 可执行文件中。然而 ObjectDCL 是商业化产品,需要付费,因此,功能相似且免费开源的 OpenDCL 将是合适的选择。

本书利用 OpenDCL 开发的"参数组织管理"对话框如图 7-4 所示。在"属性定义"选项面板下,设置了一个 GRID 属性列表,用于显示整个参数集。表中的一行代表一个参数,每个参数包含"属性"、"提示"、"默认值"三个字段,分别对应属性定义的三个要素。对话框提供了四种导入参数集的方式:

(1)从外部文件导入。提供了"打开"、"保存"、"另存"、"关闭"等操作外部文件的功能。

(2)手动输入。提供了手动创建一条参数的功能,还可以直接在界面上对参数进行排序、删除、修改等操作。

(3)从系统剪切面板粘贴。当用户从外部复制了一组参数集到系统剪切面板后,单击"粘贴"按钮即可使其快速输入列表。

(4)从 AutoCAD 绘图区属性块实体上吸取。通过该功能用户可以直接从

图 7-4 利用 OpenDCL 开发的"参数组织管理"对话框

图上得到想要的参数集。

7.3.3 属性块的恢复机制

前面提供了参数与图元的关联方法以及人性化的交互界面设计策略,然而一旦参数与图元通过属性块关联起来后,要想恢复到原来状态(包括颜色、图层和内容)又变得非常麻烦,因此必须给用户提供一种属性块的快速恢复机制。一般而言,可以借助扩展数据 XDATA 记录下每个图元的原始状态,并存于各图元内部,要恢复时读取该数据即可。但由于城市图元数量非常庞大,此方法会大大增加数据量,大幅提高维护成本。因此,本书采用了一种变通的方式(见

图 7-5,以下各步骤处理结果依次与图(a)至图(f)相对应:

(1)在创建属性块前,要求所有图层上的所有图元的颜色均为"ByLayer",图层的颜色可以不同。

(2)在创建时,将选中图元的颜色改成"ByBlock",其图层不变。

(3)对选中图元生成属性块,并插入块参照。将块参照的颜色改为用户需要的任意一种颜色,并将块参照的图层设为一个属性块专属图层(比如可命名为"Block With Att"图层),方便后期对所有属性块的管理。

(4)要恢复时,先炸开属性块,删除其中的属性定义和提示文字。

(5)将炸开后剩余图元的颜色改为"ByLayer",这样图元又恢复为原来的颜色和图层状态。

之所以在炸开后,仅通过修改图元颜色为"ByLayer"就能恢复原始状态(包括颜色、图层),是因为经过上述(1)(2)(3)步骤生成的属性块,不但自身包含了属性块的专属图层和颜色信息,而且其内部的各个图元仍旧保持原始图层属性,只是其颜色从原来的"ByLayer"变成了"ByBlock"("ByBlock"表示即随块的颜色变化而变化,所以此时用户可以非常方便地修改属性块所有图元的颜色),其内部结构及包含的信息参见图 7-5(d)。当炸开属性块后,所有图元的状态恢复为原始图层和"ByBlock"颜色,所以此时只需修改颜色为"ByLayer",就可以恢复到原始状态。

此外还有一个问题,就是在创建属性块时,为每个参数插入了一个属性定义,同时选择性地插入一组提示文字(属性定义和提示文字参见图 7-5(c)中的文字),在恢复时,必须将这些内容删除,也就是恢复"原始内容"。对此,传统手段是遍历所有被炸开后的图元,判断该图元的类型,若类型为文字或者属性定义,则将其删除。然而这种方法很可能会将那些原始文件中本来存在的文字和属性定义误删。因此,本书提出了一种属性块的内容恢复机制:

(1)在创建属性定义和提示文字时,分别为这些图元增加了一个扩展数据("flag"字段)。

(2)当删除时尝试读取该字段数值,若图元包含该字段,则删除之;反之,则保留该图元。

该机制的过程示意如图 7-6 所示,由于原文件中的文字标注不含有 flag,因此程序很容易找到含有 flag 的属性定义和提示文字,并将其删除,从而恢复属性块的内容。由于许多城市地物图元会共用一组属性定义和提示文字,而且扩展属性字段所占用的空间很小,因此该方法并不会占用太大的存储空间。我们结合上述机制,运用 VLisp 语言开发了相应的"属性块恢复"功能模块,并整合到了参数组织管理对话框中(见图 7-4 中标号为"14"的工具图标),为用户提供

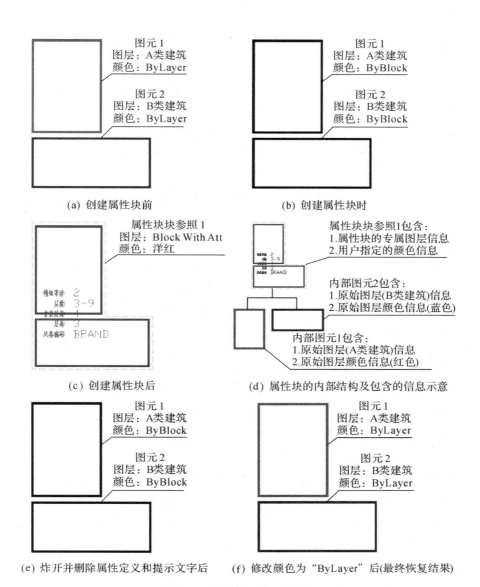

图 7-5　属性块恢复机制示意

了一条撤销已创新属性块的快捷途径。

对比图 7-5 中的(f)和(a)可以发现,属性块恢复结果与原始图元,无论是颜色、图层还是内容均保持一致,说明本书所提的属性块恢复机制达到了预期效果。

127

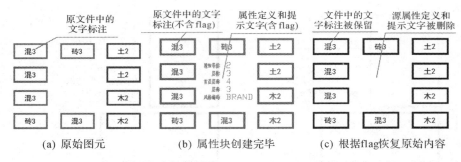

图 7-6　属性块的内容恢复机制

7.3.4　属性块的管理

前面探讨了属性块的创建、恢复功能的程序自动化实现方法,而对于属性块的管理,AutoCAD 平台并未提供专门的功能模块,因此手动管理属性块便成了一件非常烦琐的事情。具体事务主要包括:①属性块参数集的复制;②属性块匹配查询,即在若干个属性块集合中查询包含某些特定属性的属性块;③动态显示属性信息。本研究使用 VLisp 语言,通过编程实现了上述功能。下面将针对前两个功能,对其实现方法进行详细论述。

1.属性块参数集复制

属性块参数集复制包括两种情况:一是两个属性块包含相同的参数集;二是包含不同的参数集。两种情况下,其复制方式并不相同。对于前者,虽然在AutoCAD 中可以使用"eattedit"命令或者直接双击属性块,在弹出的"增强属性编辑器"对话框中修改属性值,但需要逐个手动比对、输入,效率较低;对于后者,目前只能采用将属性块恢复到原始状态,然后使用新的参数集重新生成新属性块的方式。两种方式,如果采用手动操作,交互量都非常大。因此,本书提出了一种属性块参数集快速复制的编程实现方法,综合考虑了上述两种情况,其具体流程如图 7-7 所示。

首先,该方法需要选择一个源属性块,提取其中的参数集和属性值,作为标准参照。其次,选择一个目标属性块,作为待修改的对象,同样提取其中的参数集和属性值。再次,对比两者的参数集,如果一致,则将源属性块的参数集数值复制给目标属性块;反之,则需要将目标属性块恢复到原始图元(利用 7.3.3 小节中介绍的算法)。最后,使用源属性块的参数集,创建一个新的属性块(利用7.3.1 小节中介绍的算法)。

本研究利用 VLisp 语言开发了相应的属性块参数集复制功能模块,并整合

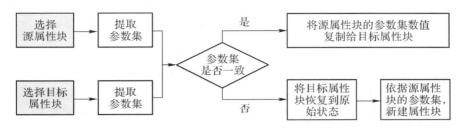

图 7-7　属性块快速复制的流程

到了参数组织管理对话框当中(见图 7-4 中标号为"13"的工具图标 ![])。利用
该功能模块,我们做了如图 7-8 和图 7-9 所示的实验。图 7-8 表示了参数集相
同时的情况:在复制前,目标属性块与源属性块具有完全一致的参数集(数量和
内容均相同),只是其中的数值有所不同,如图 7-8(a)所示。此时,只需要将源
属性块中的数值拷贝给目标属性块即可,两个属性块即保持一次,结果如图 7-8
(b)所示。图 7-9 表示了参数集不同时的情况:在复制前,目标属性块与源属性
块的参数集(数量和内容)不一致,如图 7-9(a)所示。此时算法先将目标属性块
恢复到原始状态(所有属性定义和提示文字均删除),然后参照源属性块的参数
集建立了一个新属性块,以此来实现参数集的复制,结果如图 7-9(b)所示。

图 7-8　参数集相同时

图 7-9　参数集不同时

　　实验结果表明,本书所提属性块参数集快速复制方法,能够自动识别源块
与目标块的参数集异同,并快速实现参数集的复制,而中间过程不需要任何手

动操作,大大增强了 AutoCAD 平台对属性块的管理、编辑功能。

2.属性块匹配查询

我们可能经常需要从大量属性块中寻找包含某特定参数(亦称属性)的属性块。目前 AutoCAD 中的"filter"命令,并不能将属性块内的参数添加为过滤条件,因此无法实现快速过滤选择(即匹配查询)。本书设计了一种属性块的匹配查询机制(见图 7-10),该机制利用"参数组织管理"对话框中的属性列表(见图 7-4)来设置过滤条件:

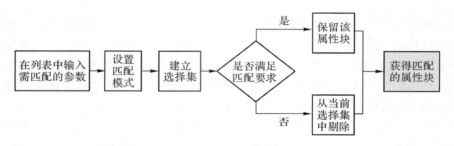

图 7-10　属性块匹配查询的流程

(1)用户需在列表中输入需要匹配的参数,可以手动输入,也可以通过"吸取"工具从图元中吸取 。

(2)设置匹配模式,有"等于"和"包含"两种模式,前者要求属性块包含的参数必须与列表内的完全相同(包括数量和内容),后者只要求属性块包含列表中的内容即可。

(3)框选多个属性块,建立选择集。遍历每个属性块,提取其参数集,与列表内容进行比较,若不满足匹配要求,则将其从当前选择集中剔除,反之则保留。

(4)选择集中所有剩余的对象即为匹配的属性块。

同样地,我们利用 VLisp 语言开发了相应的属性块匹配查询功能模块,并整合到了参数组织管理对话框当中(见图 7-4 中标号为"7"的工具图标)。

7.4　服务网站模块设计

服务网站模块是参数管理模块和自动建模模块之间联系的桥梁,也是本书所提"参—建分离"系统架构得以成立的必要条件。

该模块包含风格库管理和项目库管理两个子模块,均以网站的形式呈现,数据库开发采用 MySQL,网站编程采用 PHP,界面设计运用 html、css、javascript。目前此类技术已相当成熟,不是本书的研究重点。但出于系统完整性的考虑,本节将对该模块的功能和界面作一简要介绍。

7.4.1　风格库管理子模块设计

风格库管理子模块的主要作用在于将自动建模模块中的 CGA 文法规则及其参数,以图形化网页的方式呈现在用户面前,用户可以方便地从该子模块中获得需要的风格和参数,并在参数管理阶段将其与几何图元进行关联。风格库管理子模块具有用户和管理者两种模式。

1.管理者模式

在管理者模式下,子模块提供了查看(搜索)风格、添加编辑风格等功能。图 7-11 展示了该模式下的查看(搜索)风格页面,其中,搜索栏提供了按照"StyleID"、"最大精细等级"、"关键词"、"属性"、"提示"五种方式对数据库中已有的风格进行检索;搜索结果排序列表提供了"上传时间"升降序、"收藏次数"升降序四种排序方式;风格缩略图是对应 CGA 文法规则应用默认参数值生成的一个三维模型效果图,是用户了解 CGA 文法规则功能的最直观途径。缩略图下的图名即为对应 CGA 文法规则的文件名(未含".cga"后缀)。单击图名下的"编辑"、"删除"按钮,分别可以进入风格详细页面和删除该风格。

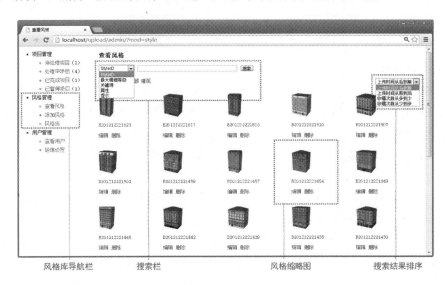

图 7-11　管理者模式下风格库管理子模块页面 1

风格详细页面如图 7-12 所示。管理者可以对风格的各项细节内容进行编辑修改,主要包括:①风格放大图。可以通过该图下方的"上传图片"按钮来更新大图;②可用于搜索的参数,包括 StyleID、类型、最大精细等级、关键词;③风格属性表。该表是所有内容中最重要的部分,因为表中的内容将用于以属性块的形式与图元绑定。页面提供了载入预定义表①、删除所有行、添加和删除一行、修改表单元内容等功能。单击风格导航栏中的"添加风格"按钮、"风格缩略图"、图名或"编辑"按钮,均会进入风格详细页面。

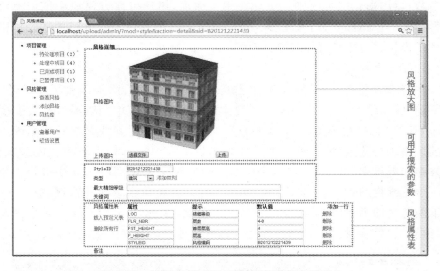

图 7-12　管理者模式下风格库管子模块页面 2

2.用户模式

在用户模式下,该子模块不具备编辑、修改的功能,而其他功能与管理者模式下相同。图 7-13 展示了该模式下的查看(搜索)风格页面,其中搜索栏、搜索排序列表的功能与管理者模式一致,而风格缩略图下方的功能按钮变成了"收藏"、"另存"和"复制":①收藏,用于将该风格存入"我的风格库",方便用户今后使用;②另存,单击后会将该风格的属性表内容另存为一个 TXT 文件,以供参数管理模块导入;③复制,单击后会将该风格的属性表内容复制到系统剪切面板中,以供参数管理模块粘贴。

单击该页面下的任一缩略图或其下方的图名,均会进入如图 7-14 所示的"风格详细"页面。其中的内容与管理者模式下基本相同,也包括风格放大图、

***

① 网站后台为各类风格提供了预定义(即默认)的初始样表,单击该按钮后会将该样表快速载入属性列表中,以避免用户逐个手动输入。

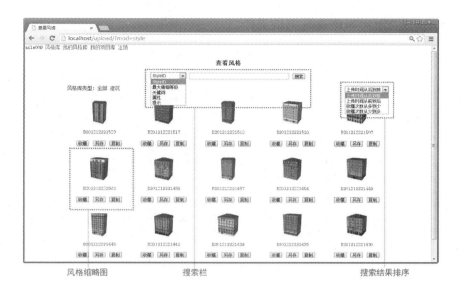

图 7-13　用户模式下风格库管理子模块页面 1

可用于搜索的参数、风格属性表等内容，区别在于该模式下页面内容只能查看，无法编辑。风格属性表下方的"收藏"、"另存"、"复制"按钮与图 7-13 中的功能相同。

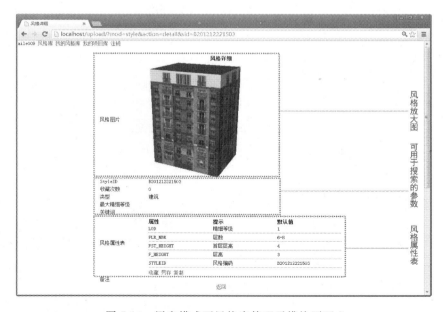

图 7-14　用户模式下风格库管理子模块页面 2

7.4.2 项目库管理子模块设计

项目库管理子模块的主要作用在于：①为用户提供上传原始文件、查询项目进度、下载模型文件等功能；②为管理者提供监控所有项目、编辑项目状态、上传模型文件等功能。项目库管理子模块也具有用户和管理者两种模式。

1.用户模式

在用户模式下该子模块的页面如图 7-15 所示，包含：①项目导航栏。用户的所有项目，按照状态的不同被归类到"待处理"、"处理中"、"已完成"、"已暂停"四个列表当中。此外，"新项目"按钮用于上传原始文件，创建新项目。"草稿箱"用于保存那些已被上传但尚未建立项目的原始文件。②各状态下的项目列表，用于显示不同状态下项目的详细信息，如项目编号、名称、状态、处理进度、提交和完成时间、原始文件链接、模型文件链接等。如果该项目是已完成项目，那么单击模型文件链接，即可下载到由自动建模模块生成的三维模型文件（是一个压缩包格式）。

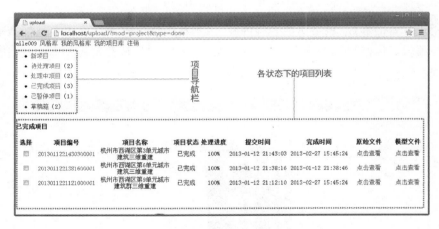

图 7-15　用户模式下的项目库管理子模块页面

2.管理者模式

管理者模式下的页面如图 7-16 所示，其功能与用户模式基本相同，也包含项目导航栏和各状态下的项目编辑列表。所不同的是项目编辑列表中的处理进度左右两侧增加了"－"、"＋"两个按钮，用于调整当前的处理进度值。此外，该页面还增加了一个项目状态转换工具，用于将需要改变状态的项目转换到其他状态的项目列表当中。在"处理中的项目列表"当中，单击"模型文件"的"点击查看"链接，会弹出模型文件列表页面，可在其中手动上传模型文件，但一般情况下会由自动建模模块自动完成上传。

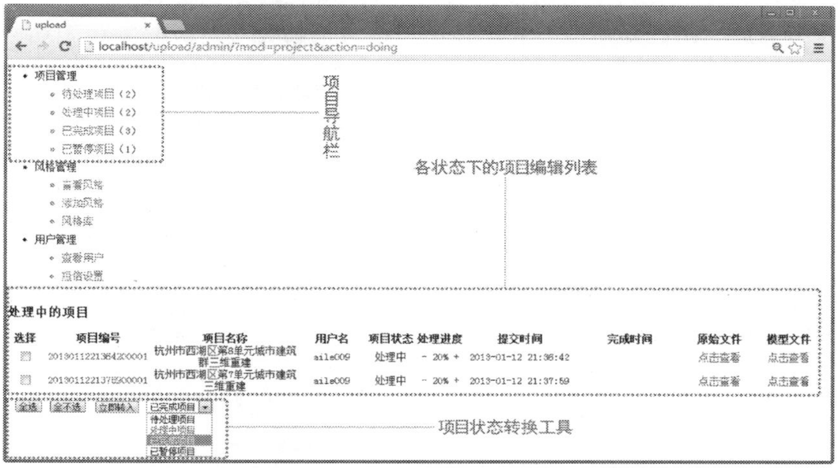

图 7-16　管理者模式下的项目库管理子模块页面

7.5　自动建模模块设计

7.5.1　DXF-SHP 文件格式自动转换方法

在本书所提的"参—建分离"系统架构中,参数管理模块输出的文件格式为 DXF(刘传亮等,2004)格式,而自动建模模块中所使用的 CityEngine 平台,需要 SHP(ESRI Shapefiles)(刘锋等,2006)格式的文件。因此,需要将 DXF 格式自动转换成 SHP 格式,这其中包括读取 DXF 文件、存储和写入 SHP 文件两方面工作。

1. 读取 DXF 文件

DXF(Drawing Exchange File)是 Autodest 公司推出的与外部 CAD/CAM 进行图形信息交换的一种文件格式,可以是 ASCII 码或二进制格式,由于前者易于被其他程序处理,因此通常情况下的 DXF 文件即指 ASCII 格式文件。一个完整的 DXF 文件应由 7 个大段组成:标题(HEADER)段、类(CLASSES)段、符号表(TABLES)段、块(BLOCKS)段、图元(ENTITIES)段、对象(OBJECTS)段、文件结束符号(组码为 0,组值为 EOF)(李芳珍等,2008)。每个大段又由若干个组组成,每个组在 DXF 文件中占用连续的 2 行。组的第 1 行为组码,是一个非负整数,用于表示后续数据所代表的含义,该含义由 AutoCAD 系统约定(主要的组码见表 7-2),组的第 2 行为组值,相当于数据的值,其格式取决于组码定义的类型。组码和组值合起来代表 1 个数据的含义和数值。

表 7-2 DXF 文件组码及其含义(李芳珍等,2008)

组代码	含　　义	组代码	含　　义
0	标识一个事物的开始	38	实体的标高
1	一个文本,如字符串的值等	39	实体的厚度
2	名字,如段、表、块的名字	40～48	高度、宽度、距离等
3～4	字符型数据的值,如线型说明	49	重复性的值
5	实体描述字	50～58	角度值
6	线型名	62	颜色号
7	字样名	66	实体跟随标志
8	图层名	70～78	整数值,如重复次数、标志位、模式等
9	标题变量名(仅用于标题段)	210	X 方向分量
10～18	X 坐标值	220	Y 方向分量
20～28	Y 坐标值	230	Z 方向分量
30～37	Z 坐标值	999	解释行

DXFLIB 是一个非常实用的读写 DXF 文件的 C++ 库。在读取 DXF 文件时,DXFLIB 分析文件并且调用用户自定义的函数来添加实体、层、块等数据。但它并不保存任何实体或者信息,更不提供保存的容器,它只是依次读取 DXF 中的组码和组值,通过组码来识别当前获得的图元对象的信息,并调用相应的默认回调函数。这里的回调函数并无实际处理内容,需要用户按需求自定义。DXFLIB 完全基于 C/C++ 标准库实现,不依赖任何其他的库,因此使用起来非常方便。它的基本工作原理为:①读取一对组码,识别出对象;②根据对象类型,调用用户自定义的回调函数;③在回调函数中执行所需的处理任务;④重复上述步骤,直到 DXF 读取完毕。

在具体编程实现上,它首先需要从 DXFLIB 自身的 DL_CreationInterface 类或者 DL_CreationAdapter 类中派生出自己的处理类,该派生类主要用于自定义各种处理函数。一般情况下,DL_CreationAdapter 是一个常用的选择,因为它并不强迫子类实现所有的虚函数。派生类的 C++ 示例代码如下(柴树杉,2009):

```
Class MyDxfFilter : public DL_CreationAdapter
{
    virtual void addLine(const DL_LineData & d);
    ……
}
```

在重新实现的虚函数 addLine 中,用户可以执行任意操作,如实体保存到容器等,C++ 示例代码如下:

```
void MyDxfFilter :: addLine(const DL_LineData & d)
{
    std::cout << "Line:" << d.x1 << "/" << d.y1 << " "<<d.x2
<<"/"<<d.y2<<std::endl;
}
```

在读取 DXF 文件时,只需要将自己派生的类传递给分析器就可以了,代码如下:

```
//派生类的实例对象
MyDxfFilter f;
//分析器的实例对象
DL_Dxf dxf;
//下面这句就是将派生类 f 传递给分析器 dxf
if (! dxf.in("drawing.dxf", & f)){
    std:cerr << "drawing.dxf could not be opened.\n";
}
……
```

我们利用 DXFLIB 设计了如图 7-17 所示的读取 DXF 文件基本流程:

(1)进入块(BLOCKS)段读取块定义信息,将每个读取到的块及其内部图元存入一个预先定义的"块"数据结构,并将其保存在块容器(块列表)当中,注意块列表中的图元并不在绘图区显示,它只起到参照的作用。

(2)块段读完之后,进入实体(ENTITIES)段,搜索并读取属性块(DXF 内部定义为 INSERT 实体)图元。当找到一个 INSERT 实体时,读取它的引用块名、插入点坐标、缩放和旋转参数、属性值(ATTRIB)等信息。然后根据引用块名,在前述的块列表中获取原块定义,提取其中的每个几何图元,作坐标转换、记录属性值、线/面判断以及存入线/面容器等操作。

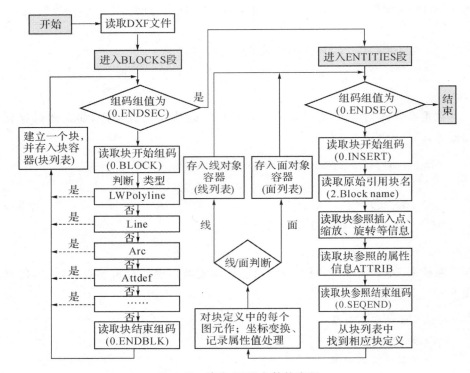

图 7-17　读取 DXF 文件的流程

（3）实体段读完后，整个流程结束。

2. 存储和写入 SHP

在存储和写入矢量数据方面，作为 GDAL 项目分支的 C++ 开源库——OGR 提供了较好的支持（陈磊等，2008）。它所支持的矢量数据格式有：ESRI Shapefiles、S-57、SDTS、PostGIS、Oracle Spatial、Mapinfo mid/mif、Mapinfo TAB。OGR 体系结构包含有 OGR Geometry、OGR Spatial Reference、OGR Feature、OGR FeatureDefn、OGR Layer、OGR Data Source 等大类（Doxygen，2012），其中与几何图元密切相关的 OGR Geometry 类又包含多个派生子类，其结构如图 7-18 所示，包含了点、线、面、多点、多线、多面等类型。

由于 AutoCAD 中具有 OGR 所不支持的 BLOCK（块）和 INSERT（块参照）类型，并且两者还含有属性数据，因此，必须利用 OGR 已有的数据类派生新的子类以满足需求。

首先，针对属性数据（包含 Tag、Promp、Value 三个字段，其中 Promp 在 AutoCAD 平台中只具有提示功能，对数据本身无影响，不作记录），我们使用如

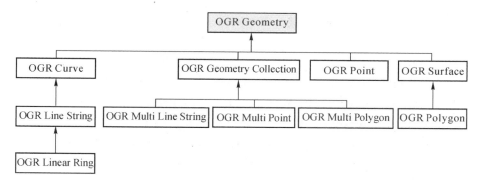

图 7-18　OGR Geometry 类结构

下数据结构来记录一条属性的 Tag 和 Value 字段值：

```
Struct CAttribute
{
    CString    strTag；   //属性标记
    CString    strValue； //记录块参照的属性值,而非块中属性定义的默认值
}
```

其次,针对基本图元类型——线和面,由于一个块(即块定义)或块参照中往往包含多个线图元或者面图元,这些图元共用一组相同的属性,因此本书分别利用 OGR Multi Line String 和 OGR Multi Polgon 类来存储一个块或者一个块参照中的所有线、面图元。另外,虽然块中图元与块参照中图元的内部结构完全一致,但它们实际上只起到为块参照提供引用的作用,并不在绘图区中使用和显示,因此需要在线、面类内部增加一个标识图元是否为块内图元的变量。其详细的类定义如下：

```
class CLineString  //线对象类
{
public：
    vector<CAttribute> m_AttribVector；  //存储线对象的所有属性
    OGRMultiLineString m_OgrMultiLineString；  //存储线对象的节点
    BOOL m_bBlockElement；
        //标记是否为块内元素,如果为 TRUE,表示该线元素是块内元素
        //只作为 INSERT 的参照,并不写入 SHP 文件
    ……
```

```
}
class CPolygon   //面对象类
{
public：
    vector<CAttribute> m_AttribVector；  //存储线对象的所有属性
    OGRMultiPolygon m_OgrMultiPolygon；  //存储线对象的节点
    BOOL m_bBlockElement；
        //标记是否为块内元素,如果为 TRUE,表示该线元素是块内元素
        //只作为 INSERT 的参照,并不写入 SHP 文件
    ……

}
```

再次,构造两个 vector 数组(称为线列表和面列表),分别存储块以及块参照中的线图元和面图元。此外,由于在创建 SHP 文件时,需要先创建字段(这里的字段对应于块参照图元属性的"Tag"),才能在之后写入图元时记录其所带的属性值(对应于块参照图元属性的"Value"),故还需要分别为线列表和面列表分别建立字段列表(线字段列表和面字段列表),存储所有存在的 Tag：

```
vector<CLineString *> m_LineVector；  //线列表,用于存储线图元
vector<CPolygon *> m_PlgnVector；  //面列表,用于存储面图元
vector<CAttribute> m_LineFields；
                    //线字段列表,CAttribute 中的 strValue 不使用
vector<CAttribute> m_PlgnFields；
                    //面字段列表,CAttribute 中的 strValue 不使用
```

另外,块(此处指块定义)在 AutoCAD 中是一个非常重要的数据类型,保存了块名、基准点坐标、内部图元等重要信息。而块参照是对块的一种相对引用,内部只保存了引用块名、插入坐标点、旋转、缩放等参数,并不保存内部图元信息。因此,任何对块参照的绘制,必须先找到原始块定义,取出其中的图元并进行适当坐标转换才能完成。要实现此目标,需要定义一种数据结构来保存来自 DXF 文件的块定义信息,虽然 OGR 已提供了相关的数据结构"struct DL_BlockData",但它并没有保存内部图元信息,因此本书设计了一种新的结构：

```
struct CBlock
{
……
```

```
string    name;         //块名
int   flags;            //属性标记
double  bpx;            //块基准点 X 坐标
double  bpy;            //块基准点 Y 坐标
double  bpz;            //块基准点 Z 坐标
vector<int>  LineIndexVector;
                //记录该块内线图元在线列表中的索引位置
vector<int>  PlgnIndexVector;
                //记录该块内面图元在面列表中的索引位置
}
```

最后,还需要建立一个用于存储 DXF 文件中所有块的块列表,以方便后期在获取块参照图元时,能够在该列表中查找到对应的块定义,其形式如下:

Vector<CBlock>   m_BlockVector;   //记录所有块

至此,用于存储块、块内图元、块参照信息的各种数据结构和容器已经设计完成,它们相互之间的关系如图 7-19 所示。

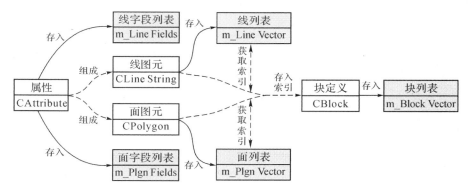

图 7-19　容器的内部关系

整个存储的流程如下:①读取 DXF 文件时首先进入"BLOCKS"段,当找到一个块时,读取块的块名、基准点坐标信息,生成一个 CBlock 类块实例;②读取块内的属性定义,生成一组 CAttribute 类属性实例;③读取块内的几何图元信息,生成 CLineString 类线图元实例或者 CPolygon 类面图元实例,并将前面的一组属性实例存入这些线/面图元实例中,由于该图元是块内图元,所以该实例的 m_bBlock Element 内部成员应标记为 TRUE;④每生成一个块内图元实例的同时,将其存入 m_Line Vector 线列表或 m_Plgn Vector 面列表中,并将其在列表中的位置索引存入块实例的 Line Index Vector 或 Plgn Index Vector；⑤当一个块信息读取和存储完毕后，将该块实例存入 m_Block Vector 块列表当中；⑥"BLOCKS"段读取完毕后，进入"ENTITIES"段，当找到一个块参照时，读取引用块名、插入点坐标、缩放、旋转变量；⑦根据块名，在 m_Block Vector 块列表中找到对应块实例，读取块实例的基准点坐标，并根据其中保存的线/面图元的索引，在 m_Line Vector 线/m_Plgn Vector 面列表中找到相应的图元，读取其内的一组属性，并对图元坐标作对应变换，生成一个新的块参照图元实例；⑧从块参照实例中读取各属性的数值（该值可能与原块定义中的值不同），更新块参照图元实例的各属性值，将 bBlock Element 标记为 FALSE，把该块参照图元也存入线/面列表；⑨最后遍历线/面列表，将其中所有图元所拥有的各种属性 Tag 值存入线/面字段列表，用于创建 SHP 文件的相应字段。

最后，直接利用 OGR 提供的相关类实现 SHP 文件的创建和写入（包括线、面图元及其属性），其大致步骤为：①新建一个线/面类型（line type/polygon type）的 SHP 文件；②从线/面字段列表中读取属性 Tag，创建对应字段；③遍历线/面列表，为列表中的每个元素创建一个 OGR Feature 实例，并添加几何数据和各字段值；④关闭 SHP 文件，写入成功。

7.5.2　CGA 文法规则设计

1. CGA 文法规则的流程设计

CGA（Computer Generated Architecture）是 CityEngine（Müller P 等，2006）平台（以下简称"CE 平台"）中专门为 3D 城市场景（尤其是建筑物）设计的一种形状语法（Shape Grammar），用于定义一系列文法规则。这些文法规则将驱动二维平面或三维模型不断生成更多细节，从而创建出各种复杂的三维模型。CGA 文法规则驱动建模的大体步骤为：①为一个"起始形状"（CE 平台中称为"Shape"）指派文法规则（CE 平台中称为"Rule File"）。②对"起始形状"依次执行文法规则中的每一条规则。当一条规则执行完毕后，会在原有形状的基础上生成一个更加复杂的新对象（三维或二维的）。而在执行下一条规则时，新对象首先又会被分离成多个二维形状，然后生成更多新对象。③如此不断往复，从而完成复杂三维模型的创建。CGA 文法规则不仅可用于构建建筑模型，还可以用于生成道路、桥梁、雕塑，甚至整个城市场景，如图 7-20 所示。理论上，CGA 文法规则可以实现任意类型、任意复杂度的模型。

从参数化驱动的类型来看，CGA 文法规则类似于历史模型的文本化表达，它详细定义了一个二维形状如何由简到繁、逐步转化为复杂三维模型的过程，是一种典型的数字化环境下的三维营造过程。这种营造与我们现实生活中真

图 7-20　由 CGA 文法规则驱动生成的城市模型（Müller P 等，2006）

实构筑物的营造有着很大的区别（见图 7-21）：①虽然两者都遵循由简到繁的原则，但真实世界中的营造是按照由内部骨架到外部附属——由内而外[①]的顺序，而数字环境中的营造是按照由大体块不断细分，生成小体块——由大到小的顺序；②受材料和技术的限制，真实世界中的营造通常只做加法，是一个建材不断累积的过程，而数字环境中的营造既做加法，又做减法，是一个体块大小不断变化、精度不断深化的过程。

(a)　数字化环境下的营造过程 (Esri，2012)

(b)　真实世界中的营造过程 (Pompidou，2010)

图 7-21　数字化环境与真实世界中的营造方式对比

为此，CityEngine 平台提供了大量适用于数字化环境的 CGA 命令，本书首先对这些命令进行了总结，归纳出如表 7-3 所示的加法、减法和转换三种操作类型，其中，加法操作是指在执行完毕后会生成新对象的操作，如拉升操作会产生新的三维几何体；减法操作是指在执行完毕后对象将被分解成多个子对象的操作，如偏移操作将完整对象分解成外缘和内部两个独立子对象；而转换操作是

---

　　① 　这里的由内而外并非是指从室内到室外，而是指构筑物各构件的内部核心到外部附属细节。

指那些不改变对象数量,只改变对象形状或属性的操作,如移动、旋转、缩放等。正是加、减、转换三类操作相互之间的连接、组合、循环迭代,创造出各式各样的三维模型。

表 7-3　主要 CGA 命令的归纳

加法操作		减法操作		转换操作	
命　令	函数名	命　令	函数名	命　令	函数名
插入	i (insert)	去凸	convexify	贴图	texture
散点	scatter	偏移	offset	着色	color
屋顶拉升	roofGable roofHip roofPyramid roofShed	形变	shapeL shapeU shapeO	旋转	r (scope rotate) rotate rotateScope rotateUV
拉升	extrude taper	内矩形	innerRect	移动	t (scope translate) translate translateUV
		回退	setback	对齐	alignScopeToAxes center
		分解	comp split	镜像	mirror mirrorScope reverseNormals
				设置	set
				缩放	s (scope size) scaleUV

下面将以一个简单的建筑模型为例来简要阐述 CGA 文法规则驱动建模的一般流程(见图 7-22):①对于一个名为"Lot"的起始对象(即起始形状)进行"extrude"向上拉升(加法)操作,获得一个粗略的三维建筑体块(见图 7-22(b));②按照面的朝向不同进行"comp"分解(减法),得到顶面 Roof、前立面 FrontFacade、后立面 BackFacade、侧立面 SideFacade 四个子对象;③对其中的 Roof 子对象,进行"roofGable"拉升(加法),获得一个屋顶体块对象,然后将其所有面再次"comp"分解(减法),获得若干个屋顶面 RoofSurface 子对象;④对 RoofSurface 进行贴图等(转换)操作,至此该分支上的建模流程结束(见图 7-22(c));⑤而 FrontFacade、BackFacade、SideFacade 子对象也执行与 Roof 相似的操作。以 FrontFacade 为例,先进行贴图(转换)操作,接着沿纵坐标作"split"操作(减法),将 FrontFacade 分解成首层 FirstFloor、中间层 MidFloor、顶层

TopFloor 三个子对象。每个子对象又"split"分解（减法）出自己的 Window 子对象。而 Window 可继续"split"分解（减法）出玻璃 Glass、窗框 WinFrame 子对象，它们又可以对自己的属性进行转换操作……如此往复，最终生成如图 7-22(f)所示的复杂三维建筑模型。整个建模过程中生成的各父子对象之间的层次关系及它们所进行的操作如图 7-23 所示。

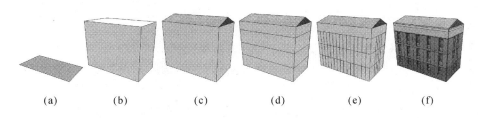

(a)　　　　(b)　　　　(c)　　　　(d)　　　　(e)　　　　(f)

图 7-22　CGA 文法规则驱动建模的一般流程

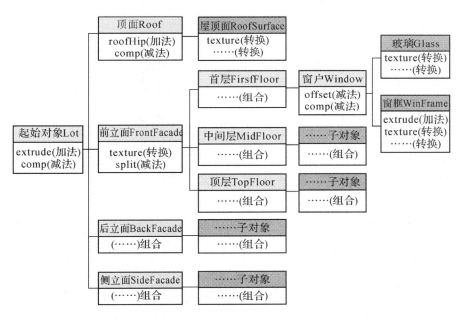

图 7-23　各父子对象之间的层次关系及所进行的操作

　　由上述案例我们总结出了数字化环境下利用 CGA 文法规则进行三维建模的基本规律：①由一个父类通过转换操作改变自身形态，或通过加、减法操作获得若干子类，而子类又可重复父类的过程，派生新的子类。如此往复循环，从而构建复杂、逼真的三维形态；②对于任一层次的对象，通常首先通过加法操作创建出一个次高层次的抽象子对象，然后利用减法或转换操作创建出更低层次的子对象,即遵循从抽象到具象的原则;③从起始对象派生出的任一分支,只有处于分支末端的子对象才是构成最终模型的组成元素,并最终得以显示,而其余对象均被删除或隐藏,如图 7-23 所示。

2.CGA 文法规则的参数集设置方法

CGA 文法规则驱动建模,除了要掌握基本规律外,还需要引入必要的参数,否则用户无法在不改变文法规则内容的情况下去控制和改变模型的三维形态,这样就丧失了"参数化"的本质和优势。如果将整个 CGA 文法规则比作一个表达式,把最终模型比作表达式的值,那么参数就是表达式中的变量,通过改变每个参数的值即可改变模型的最终形态。然而,为特定的 CGA 文法规则设计一套合适的参数,并非易事,主要有以下三个原因:①抽象性。参数的设置是对现实物质世界的一种数理化抽象,即将事物的因果关系简化成一个可以描述的数值表达式,要求用户具有较高的抽象概括能力。②主次性。描述一个事物的可能参数数量非常庞大,许多次要参数不但不能反映事物的主要特征,而且还会提高模型的复杂度、增加额外的运算和内存开销。但是要从庞大的参数集中筛选出一套主要参数,使其适用于同属一类、但又彼此千差万别的事物,也是一个较大的挑战。③互斥性。当一个参数的改变会引起另一个参数的变化时,称这两个参数互斥,如果它们同时存在于一个文法规则中,将引起建模流程的混乱和难以控制。本书分别针对上述三个问题,提出相对应的解决方法。

(1)参数的抽象性导致参数设置具有较高难度。它对用户的知识水平有较强的依赖性,不同用户对于相同事物,很可能会提出完全不同的参数集合。为此,本书提供了一套基于人类基本认知规律的参数设置策略:①先确定需要设置参数的事物(例如一栋房子),作为父对象;②收集若干同类事物,作为对比父对象;③从体量、结构、外观三个方面对它们进行比较,采用语义表述的方式记录下差别最大的特征;④对这些特征进行层次排序,宏观特征在前,微观特征在后,选出属于最高层次的若干关键特征,并将其转换为定量化参数;⑤将父对象分解成若干个子对象(如裙房、楼房、屋顶等),分别对每个子对象重复上述过程。由于该方法以大量同类事物对比为基础,以易于理解和掌握的语义描述作为中间手段,并对特征进行严格排序和多轮筛选,因此保证了抽象结果的科学性和普适性。

(2)参数具有主次性,即不同参数控制的对象特征是不同的,有些特征较宏观(如建筑物的高度特征),而有些则相对微观(如建筑物窗框的厚度特征)。这里,我们将控制较宏观特征的参数称为主参数,控制较微观特征的参数称为次参数。这种主次性是相对于我们所需要表现的对象而言的,随着描述对象的变化,参数的主次性也会发生转换。例如,当我们要表现一整幢建筑时,窗框厚度参数是次参数,而当我们要具体表现一个窗户的结构时,该参数又成了主参数。另外,参数的主次性还与表现对象在整个模型中所占的百分比有关。例如,在表现一整幢建筑时,窗户玻璃材质参数与窗框厚度参数应该属于同一层级,即都是次要参数。然而当窗户的面积占整个建立外立面的比例比较大时,改变窗户玻璃材质参数会给整个建筑带来完全不同的外观风格和视觉效果,对整个模型的影响较大,此时应该将窗户玻璃参数设为主参数。因此,我们在设置参数集时,要根据所描述对象的不同、特征对整体的影响程度不同来灵活确定参数的主次性。

(3)参数的互斥性是在设计 CGA 文法规则时需要特别注意并避免的一个问题。这种互斥性主要是由于多个事物特征之间的相互约束性造成的,例如建筑的总高度与层数、层高存在互斥性,因为它们之间存在如下固定关系式:总高度＝层数×层高。如果将三个参数均运用到 CGA 文法规则中,那么当用户同时修改等式两边的参数值时,上述等式将不成立,从而造成模型结构逻辑上的错误,甚至系统崩溃。为此,必须在选择参数时,充分考虑参数之间的这种隐性约束关系。一般可以先为具有此关系的参数建立一个等式,将等式一侧的参数用于 CGA 文法规则当中。通常情况下都会选择参数数量较多的一侧,因为这样可以控制更多的对象特征。

7.5.3　规则库框架及调用、传递机制设计

1. 规则库框架设计

从理论上讲,只要参数足够多、规则足够复杂,单个 CGA 文法规则也可以描述一个复杂城市的构造过程。然而这种方式会造成诸多问题,例如:①规则过于复杂,不易于理解,也难以调整和维护;②只能适用于某个或者某类特定城市,通用性较差;③难以对城市中某个细节对象进行自定义调整。

为解决上述问题,本书采用"一事物一规则"的思路,对各种不同类型和风格的城市地物分别设计单独的 CGA 文法规则,形成了一个种类丰富、数量庞大的规则库。当要创建不同地物的三维模型时,只需从规则库中调用特定的文法规则即可。如此可以实现 CGA 文法规则的共享,避免重复劳动,提高文法规则利用效率和灵活性。

本书根据所描述的城市地物类型,将规则库中的 CGA 文法规则划分为"建筑"、"道路"、"地块"三大类(后续可根据需要逐步增加类别),并且制定了一套命名规则,以便于规则库的管理和调用:建筑类文法规则文件名为"B＋唯一编号"(B 表示 Building),道路类为"S＋唯一编号"(S 表示 Street),地块类为"L＋唯一编号"(L 表示 Lot)。此外,CGA 文法规则在执行"贴图"操作时,需要从外

部调用图片资源。为了使这些资源也能够相互共享、统一管理，我们还在规则库内部建立了一个贴图库，以供规则库中的各个 CGA 文法规则调用。规则库的整体框架如图 7-24 所示。

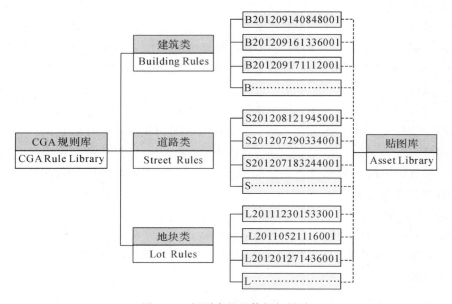

图 7-24　规则库的整体框架设计

2.规则库调用和参数值传递机制设计

然而建立 CGA 规则库后会面临两大问题：①CGA 规则库部署在自动建模模块里（即远程服务端），对外是屏蔽的，因此用户无法知道每个 CGA 文法规则里面的具体细节；②系统中参数管理模块和自动建模模块是相互分离的，自动建模模块无法知晓用户在参数管理模块中为城市图元指定了哪个文法规则。

针对第一个问题，本研究搭建了"参—建"之间的桥梁——服务网站模块，在其中专门为规则库中的每一个 CGA 文法规则建立一个风格页面，形成一个与规则库相对应的风格库（见图 7-25）。在风格库的每个风格页面中，包含有该 CGA 文法规则的参数集（即风格属性表）、文法规则编号（即 STYLEID）、由该文法规则创建的模型效果预览图等信息（见图 7-26）。由于服务网站的风格库将枯燥的文法转变成直观的模型效果预览图，这样设计人员就可以非常方便地查找到自己需要的风格，并将该风格所拥有的参数赋予城市图元。

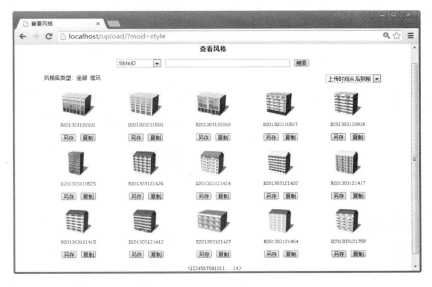

图 7-25　风格库页面

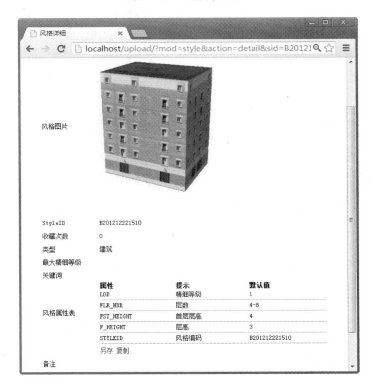

图 7-26　详细的风格页面

149

针对第二个问题,本书建立了以"STYLEID"编号为核心的规则库调用机制。在介绍"STYLEID"之前,有必要先了解一下 CE 平台下参数化建模的内部机制(见图 7-27):①需要为一个起始形状(shape)指定一个 CGA 文法规则;②系统读取 shape 所带的参数,并与 CGA 文法规则中定义的同名参数自动建立映射,此时文法规则中的同名参数会使用 shape 自带参数的数值,而非规则中定义的默认值[①];③执行 CGA 文法规则的所有语句,完成三维建模。

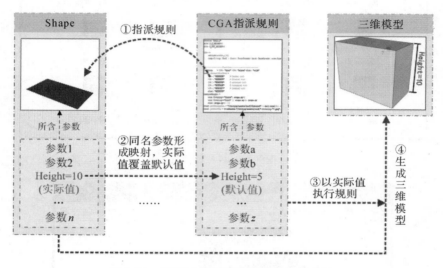

图 7-27　CE 平台下参数化建模的内部机制

由图 7-27 我们可以发现三个特点:①在 CE 平台中,每个 shape 都可以带参数;②在 CE 平台中,任何一个 shape 要建立三维模型,需要先给它指派一个 CGA 文法规则;③在指派规则后,shape 自带的而且与文法规则内参数同名的参数值(实际值)会覆盖规则中的参数值(默认值)。

现在碰到的问题就在于,自动建模模块不知道每个 shape 需要哪个 CGA 文法规则,也就无法为其指派规则。既然 shape 可以自带参数,那么如果我们将需要的 CGA 文法规则的文件名称作为参数写入 shape,自动建模模块首先读取该参数,然后从规则库中找到指定的 CGA 文法规则文件,那么就可以为其指派规则了。我们设计的以"STYLEID"为核心的规则库调用机制正是沿着该思路发展而来的(见图 7-28):①在规则库中新定义一个 CGA 文法规则,并以

---

①　举例说明:假设 shape 自带参数"Height"值为 10,而指定的文法规则中也有一个"Height"参数,默认值为 5。这两个参数之间会自动建立映射,而后在文法规则执行建模操作时,"Height"值为 10,而非 5。

"STYLEID"（如"B201209171121001"）作为该文法规则的文件名。②在服务网站模块的风格库中新建一个风格页面，也以"STYLEID"命名，同时在该风格的参数列表中增加一个名为"STYLEID"、值为"B201209171121001"的参数。③用户从服务网站的风格库中获得该新建风格的参数列表，并将其作为参数与城市图元 shape 关联，构成带参数（即属性）的块参照。此时块参照包含一个名为"STYLEID"、值为"B201209171121001"的属性。④用户将编辑并保存好的DXF 文件经过服务网站上传到服务端。服务端的自动建模模块获得 DXF 文件后启动自动建模脚本，经格式转换后导入 CE 平台。脚本在处理到上述块参照时，将先读取"STYLEID"参数的值"B201209171121001"，再从规则库中找到对应的规则文件——即"B201209171121001. cga"文件，将该 CGA 文件指派给该图元，并完成其他参数的读取和映射。⑤执行规则文件，创建三维模型。

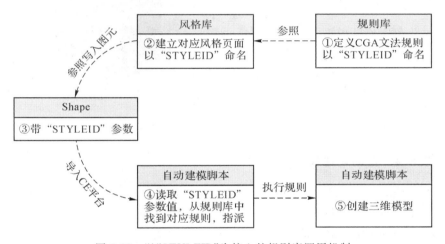

图 7-28　以"STYLEID"为核心的规则库调用机制

此外，前面提到 shape 自带的参数，会与 CGA 文法规则中同名的参数自动建立映射，并且其数值会覆盖文法规则中的默认值。根据这一特性，我们将CGA 文法规则中需要用的参数集，关联到图元中去，并根据需要对它们分别赋值（该值可以与 CGA 文法规则中的默认值不同）。这样，当自动建模脚本从该shape 中读取参数集并建立映射后，CGA 文法规则中的参数集就采用了我们赋予 shape 的实际值，而非默认值。如此，不同的 shape 即使被指派了相同的CGA 文法规则文件，由于其所关联的参数集可以有不同的实际值，因此最终创建的三维形态可以千差万别。这就是本书设计的参数值传递机制，其流程如图7-29 所示。

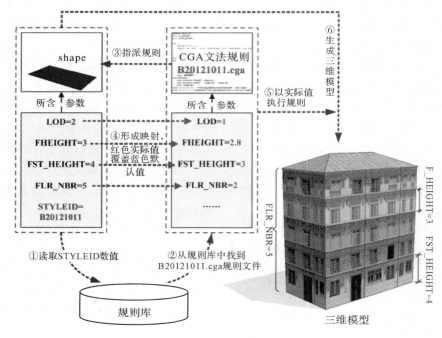

图 7-29　参数值传递机制

7.5.4　自动化建模脚本设计

CityEngine 平台提供了一个 Python 脚本编辑窗口和一个基于 Python 语言的"CE"模块，利用该窗口和"CE"模块，用户可以使用 Python 命令自动实现许多自定义的功能，大大扩展了 CityEngine 的功能，本研究所提的自动化建模脚本正是在该窗口中、采用 Python 语言编写而成的（见图 7-30）。

这里的"CE"模块与 Python 语言自带的"os"、"random"、"time"、"string"等模块一样，是一个功能函数集合，它封装了大量对内部空间、属性数据进行读写、编辑的 API 函数，利用这些函数可以与 CityEngine 内部数据的灵活交互，从而实现整个建模过程的自动化。因此，"CE"模块是自动化建模的核心。

当然，除了建模之外，自动化建模流程中还包括许多辅助功能，如整理原始文件、DXF-SHP 转换、清理工程等。本书设计的整个自动化建模脚本的工作流程如图 7-31 所示。

1. 整理原始文件

（1）由于用户上传的项目压缩包（网站会自动将其压缩成一个压缩包）里面的目录组织难以预料，有效的 DXF 文件可能包含在多层子目录或者子压缩包

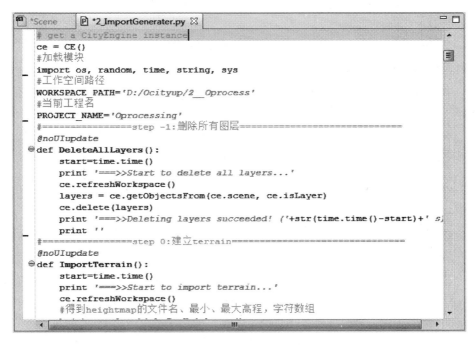

图 7-30　Python 脚本编辑窗口

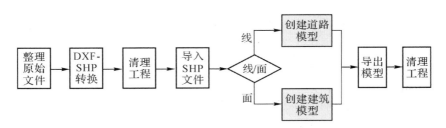

图 7-31　自动化建模脚本工作流程

中,因此必须首先对原始文件进行整理,包括自动化解压和目录重组织处理,其具体步骤为:①获取项目压缩包;②将项目压缩包解压到当前目录下的同名文件夹(作为项目的根文件夹)中,同时应避免文件夹重名;③将根文件夹下各层级子文件夹中的压缩包,分别解压到与它们同级目录的同名文件夹中,同时应避免文件夹重名;④将根文件夹下所有子文件夹中的文件全部转移到根文件夹下,同时应考虑文件同名问题;⑤将根文件夹下所有空子文件夹删除。通过执行上述步骤,不管项目文件原先被如何组织,都将获得统一的组织格式,即:一个项目只有一个文件夹,该文件夹下放置了所有的文件内容,不包含其他子文件夹和压缩包。这为后续程序能够快速、准确调用 DXF 文件提供了条件。

2. DXF-SHP 转换

本书第 7.5.1 小节已经详细描述了 DXF-SHP 文件格式自动转换及程序（名为"DXF2SHP.exe"）的实现方法，然而由于该程序是一个独立的可执行程序，需要被自动化建模（Python）脚本调用才能实现相关功能。我们设计的 Python 调用"DXF2SHP.exe"的实现代码如下：

```
// DXF2SHP_SETUP_PATH 为 DXF2SHP 程序的绝对路径
// dxffilepath 为 DXF 文件的绝对路径
// foldername 为转换的 SHP 文件将保存的目录
// cmd 即为将要传入的命令行
cmd = DXF2SHP_SETUP_PATH + ˊ "ˊ + dxffilepath + ˊ" "ˊ + foldername'
//将 cmd 命令行传给 os.system 函数，实现带参调用
os.system(cmd)
```

由上述代码可见，Python 的 OS 模块向系统传递了三个参数：第一个参数"DXF2SHP_SETUP_PATH"是 DXF2SHP.exe 的程序绝对路径，该参数用于找到并启动程序；第二个参数"dxffilepath"是 DXF 文件的绝对路径；第三个参数"foldername"是 SHP 文件的保存目录。后两者才是真正有价值的参数，为了获取这两个参数，我们为 DXF2SHP 程序设计了一个获取含参命令行的接口，其 C++ 代码如下：

```
CDXF2SHPDlg dlg(this);//程序对话框实例
m_pMainWnd = &dlg;
if(_argc >= 3) {
    // dlg.m_dxfFilepath 为存储 DXF 文件路径的私有成员变量
    dlg.m_dxfFilepath.Format(_T("%s"),_targv[1]);
    // dlg.m_shpFileDir 为存储 SHP 文件保存路径的私有成员变量
    dlg.m_shpFileDir.Format(_T("%s"),_targv[2]);
}
```

如此，DXF2SHP.exe 程序被 Python 脚本调用启动后，会根据接收到的参数自动开始转换，完成后又会自动关闭，从而实现文件格式转换的自动化。

3. 清理工程

我们在每个项目建立三维模型前后，都安排了清理工程步骤，这是为了保证每个项目的独立性，避免项目之间相互影响或产生不可预见的错误。清理任务包括三维数字场景清理和文件系统清理两方面，其中，三维数字场景清理是

指删除 CE 平台三维绘图区内的所有栅格、矢量图层，只保留"Scene Light"和"Panorama"两个背景图层；而文件系统清理是指删除上一个项目在工程文件系统中遗留的文件，例如"data"文件夹的原始文件、"images"文件夹下的图片数据、"maps"文件夹下的地表、高程、属性地图等以及"models"文件夹存留的模型数据[①]。

4. 导入 SHP 文件

工程清理完毕后，即开始导入由 DXF 转换而来的 SHP 文件，包括线型[②]和面型两种 SHP 文件。线型 SHP 导入后，在当前场景"scene"下会增加一个"Graph Network"图层，而面型 SHP 导入后会增加一个"Shapes"图层。导入操作的具体 Python 代码如下：

```
＃GetSHPfiles()函数从"data"文件夹中获得所有 SHP 文件路径
files = GetSHPfiles()
＃若不存在任何 SHP 文件，则退出
if len(files) = = 0:
    return
＃SHPImportSettings()函数是 CityEninge 平台内部提供的参数设置函数
settings = SHPImportSettings()
＃利用 ce. importFile 循环导入每个 SHP 文件
for file in files:
    ce. importFile(file,settings)
```

5. 创建模型

在导入 SHP 文件后，便进入整个自动化建模最关键的步骤——创建三维模型。前面已经提到，CE 平台下任何三维模型的创建必须具有以下三个条件：①提供一个初始 shape 图形；②为形状指定一个 CGA 文法规则；③从 shape 中读取参数集用于自动化建模。首先，对于"Shapes"面图层（用于构建建筑模型）而言，其中的每个图元都是 shape（即面状多边形），因此满足第一个条件。其次，用户已经在参数管理模块中为每个图元指定了需要的 CGA 文法规则和其他必要的参数集，并以参数的形式与图元进行了绑定，根据本书第 7.5.3 小节中介绍的规则库调用机制和参数值传递机制我们可以知道，自动化建模脚本能

---

① 这些文件夹都是 CE 平台为每个项目默认创建的一组目录，用于存储不同类型资源。除此之外，还包括"assets"、"rules"、"scenes"、"scripts"和用户自定义的文件夹。

② 线性 SHP 文件主要用于创建城市道路模型。

够获取到这些参数信息,因此也满足②、③两个条件。对于"Shapes"面图层,建立建筑群三维模型的 Python 代码如下:

```
shapes = ce.getObjectsFrom(Layer,ce.isShape)
                          ♯获取 Layer 图层的所有 shape 图元
ce.setStartRule(shapes, 'Lot')   ♯设置图元的名称
for shape in shapes:
styleID = ce.getAttribute(shape,'STYLEID')  ♯获取图元的"STYLEID"属性值
    path = 'rules/buildings/'+ styleID +'.cga'  ♯获取对应文法规则的路径
    ce.setRuleFile(shape,path)   ♯指派文法规则,参数自动完成读取和映射
    ce.generateModels(shape,False)   ♯创建三维建筑模型
```

相较于建筑而言,道路的建模过程要相对复杂一些,但由于其不在城市建筑群的研究范畴之内,因此不予论述。

7.6 实验结果与分析

为验证本研究所提参数化建模系统架构及系列方法的可行性和高效性,这里以浙江省余姚市某镇的局部城市建筑群为例,进行参数化建模实验。实验的已知数据为该镇的平面布局图,包含道路中心线和建筑封闭轮廓线,如图 7-32(a)所示。

首先,实验利用参数管理模块,在 AutoCAD 平台上将参数与道路中心线、建筑轮廓线关联,效果如图 7-32(b)所示。我们针对建筑设计的专有参数为:层数 FLR_NBR、首层层高 FST_HEIGHT、其他层高 F_HEIGHT;针对道路设计的专有参数为:左侧人行道宽度 L_WIDTH、车行路面宽度 M_WIDTH、右侧人行道宽度 R_WIDTH。此外两者共有的参数有精细等级 LOD(用于控制生成模型的精细程度)、风格编码 STYLEID。

其次,将文件另存为 DXF 格式,并通过服务网站模块上传到服务器。位于服务端的自动建模模块立即获取到 DXF 文件,随即启动自动建模脚本自动完成 DXF-SHP 转换、导入、读取参数、指派 CGA 文法规则、参数映射等系列流程,最后生成城市建筑群三维模型,并在服务网站的项目管理模块中提供下载。

最终的模型效果如图 7-32(c)所示。从图中我们可以看到,由本系统生成的城市建筑群模型具有非常丰富的细节、逼真的纹理和三维空间形态。更重要的是,如此详细的模型从参数管理到上传再到获得最终结果,总耗时仅 20min

左右,而且绝大部分时间是花费在参数与图元的关联上。如果使用传统的 3ds Max、Sketchup 等三维辅助设计软件进行手动制作,要达到相同的效果可能需要花费数天时间。

(a) 平面布局图

(b) 参数与城市图元的关联

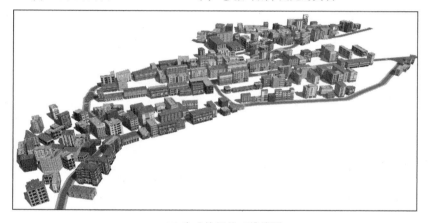

(c) 生成的最终三维模型

图 7-32　实验各步骤的效果

当然,本系统除了处理速度快以外,更重要的优势还在于使模型方案的调整变得非常方便。例如当需要调整图 7-33(a)中局部建筑的层数和风格时,只需将 DXF 文件中的对应建筑轮廓图元(属性块)的属性数值稍作调整,重新上传到服务器,数分钟后即可得到成果(见图 7-33(b))。

(a) 调整前

(b) 调整后

图 7-33　局部方案调整前后对比

7.7　本章小结

本章内容是对建筑群参数化建模子框架的深化,主要对以下四个方面作了深入研究:

首先,本章对"参—建分离"的系统架构进行了详细设计。确立了三大模块的组织关系,细化了各模块的内部结构,建立了各模块之间的清晰工作流程,使该架构具有了可操作性,为后续针对各模块的功能细化和技术攻关奠定了基础。"参—建分离"的系统架构将大幅降低参数化平台的技术门槛和前期投入成本、显著提高建模效率,为参数化技术广泛、快速普及提供了新的发展思路。

其次,本章针对参数管理模块,提出了基于属性块的参数、图元关联方法,基于人性化交互界面的参数组织与管理方法,利用块与块内图元相对独立的特点而设计的属性块恢复机制,以及属性块管理的程序实现方法。所述方法使得用户可以在熟悉的 AutoCAD 平台下、借助人性化的交互界面和高效的计算机程序,实现对参数的高效管理,降低了技术门槛。

再次,本章针对服务网站模块,设计了风格库管理子模块和项目库管理子模块,两者均包含用户、管理者两种模式。该模块提供了风格库查询、项目文件上传和模型文件下载等功能,是"参—建"之间的桥梁。

最后,本章针对自动建模模块,提出了基于 DXFLIB、OGR 库的 DXF-SHP 文件格式自动转换方法,CGA 文法规则和规则库框架的设计方法,规则库的调用和参数值传递方法,以及自动化建模脚本的设计方法。所述系列方法使得自动建模模块高度自动化和流程化,会根据获取的项目文件自动建立对应的三维模型,并上传模型文件供用户下载。由于模块中预设了规则库、贴图库、格式转换工具等,且整个建模过程完全对用户屏蔽,因此大幅降低了技术门槛和成本,提高了效率。

第8章 城市建筑群三维重建系统集成与实证研究

8.1 系统集成及功能介绍

笔者在本书所提的各种方法的基础上，通过功能集成，开发了城市建筑群三维重建软件原型系统 3DRS(3D Reconstruction System of City Buildings)，为相关研究和应用的开展提供了完整的软件和技术支撑。3DRS 系统由 CBRS 和 CityUp 两个子系统构成，分别负责城市建筑群的目标识别和参数化建模任务。本节将对这两个子系统的体系结构和功能作一简要论述。

8.1.1 CBRS 子系统的集成及功能介绍

本书中的遥感影像分割、矢量图形优化、三维信息提取及坐标修正的相关方法均在城市建筑群目标识别子系统 CBRS(City Buildings Recognition System)下实现。该系统基于 Visual Studio. net 2008 开发，是 3DRS 系统的重要组成部分。

CBRS 子系统以遥感影像特征挖掘模型和智能化特征提取方法为基础，采用面向对象技术，旨在高效地识别建筑目标，为后续的参数化建模提供建筑基础数据。

CBRS 的总体目标可以概括为：①稳健清晰的系统整体逻辑框架设计；②完善的矢、栅底层数据模型；③高效的影像分割算法；④准确的矢量化及其优化算法；⑤强大的矢量编辑功能；⑥先进的基于特征的识别算法；⑦完备的目标模式提取与管理；⑧人性化的用户界面。

基于结构稳定性、可重用性和可扩展性等原则，CBRS 子系统采用如图 8-1 所示的体系结构。CBRS 的底层包括数据表达模型、DB 编程接口和各种数学方法。其中，数据表达模型是矢量栅格一体化的空间数据表达模型，数学方法包括小波方法、神经网络方法、支持向量机方法、傅立叶变换、各种滤波和聚类算法等。功能层是实现层，包含了各种面向应用的操作，具体包括影像处理、影像分割、矢量化及其优化、矢栅编辑、特征提取、目标识别、目标环境分析、工程管理等。功能层之上是接口层,用于功能层和用户界面之间的系统消息传递,开发人员则可以通过它进行接口控制。

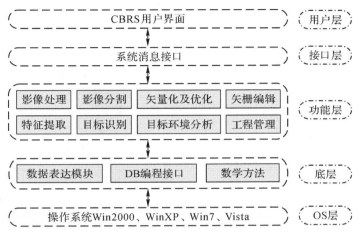

图 8-1　CBRS 系统体系结构

在功能方面,CBRS 子系统不仅具有通用的工程和文档操作与管理、图形图像编辑、影像处理等功能,还具有针对目标识别的专用软件模块,如特征提取、目标识别、目标分析以及目标库与模式库管理等。子系统的主要功能如表 8-1 所示。特别地,笔者集成本书所提的关键技术方法,开发了专门用于城市建筑群目标识别的功能模块,主要包括:多尺度区域合并分割模块、建筑群边界优化模块、图面距离测量和建筑指标复制工具、建筑群指标计算模块、建筑群坐标修正模块、SHP-DXF 格式转换模块等。关于这些功能模块的详细介绍参见附录 2。

表 8-1　CBRS 功能

功　能	说　明
工程管理	操作和管理工程及文档,支持多种栅格和矢量格式
编辑	提供一些通用的影像和矢量编辑功能
视图	控制整个系统的界面视图
影像处理	提供滤波、影像融合、小波变换、几何纠正等
信息提取	影像分割、分类、矢量化、矢量优化、特征计算
目标识别	建筑物特征提取、目标判别、目标自动识别、模式库管理等功能

续 表

功　能	说　明
目标分析	包含知识库管理、目标库管理、复杂目标识别、目标环境分析、目标群分析等功能
窗口	提供各种窗口操作
帮助	提供帮助和版本信息

CBRS 采用矢量栅格一体化的数据模型,因此能够同时处理栅格和矢量数据,其处理空间数据的能力也因此得以提升。矢量栅格一体化的 CBRS 整体数据关系模型包括(见图 8-2):①CBRS_基本目标对象模型;②CBRS_数据接口模型;③CBRS_属性数据模型;④CBRS_遥感影像表达与处理模型;⑤CBRS_符号模型;⑥CBRS_Render 模型。

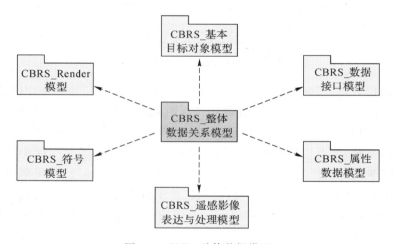

图 8-2　CBRS 总体数据模型

如图 8-3 所示为 CBRS 打开的一个工作空间后的界面。此外,针对该子系统的详细功能模块介绍请参见附录 2。

8.1.2　CityUp 子系统的集成及功能介绍

笔者集成本书针对参数化建模部分所提出的各种技术方法,开发了面向大众的城市建筑群参数化建模子系统 CityUp。CityUp 由参数管理模块、服务网站模块和参数化建模模块三部分构成,是 3DRS 的另一个重要组成部分。

CityUp 子系统打破参数化平台的固有模式,采用了"参—建分离"的系统架构(见图 8-4):基于 AutoCAD 平台开发了参数管理模块,作为客户端;利用

图 8-3　CBRS 子系统界面

CE 平台实现了自动建模模块,作为服务端;两者之间借助中间质——服务网站模块进行衔接。该体系结构旨在降低应用的技术门槛和前期投入成本,提高系统的实用性和建模效率。

图 8-4　CityUp 体系结构

　　参数管理模块,以 AutoCAD 内嵌的 Visual Lisp 编辑器为开发平台,其交互界面采用面向对象的开源软件 OpenDCL 进行设计。该模块作为客户端,为大众用户提供参数管理功能,包括参数组织、文件管理、线面检测、参数编辑、属性块创建、属性块编辑和管理等。图 8-5 中左侧窗口即为内嵌于 AutoCAD 平台下的参数管理模块的工作界面。

　　自动建模模块,主要基于 CityEngine Pro 2011 平台二次开发实现,其中 DXF-SHP 文件格式转换程序以 Visual Studio. net 2008 为开发平台。自动建模模块作为服务端,被部署在网站后台的服务器上,不对用户开放,内部工作流程实现高度自动化。该模块包括文件传输、目录清理、格式转换、调用规则库、自动化建模等功能。如图 8-6 所示为自动建模模块下 CE 平台的工作界面。

图 8-5   参数管理模块界面

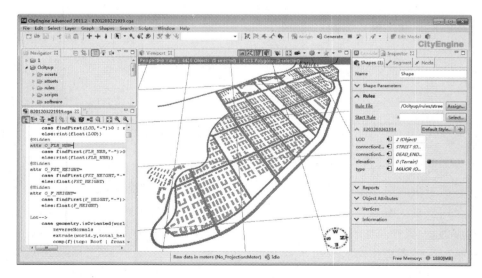

图 8-6   自动建模模块下 CE 平台工作界面

服务网站模块，利用 MySQL 进行数据库开发、PHP 进行网站编程、运用 html、css、javascript 进行界面设计。该模块作为中间质，是客户端与服务端联系的媒介，它向用户提供风格库信息和项目文件上传的接口，同时又屏蔽了后台参数化建模的复杂技术细节,使用户可以将重心放在设计、制图之上,而不必考虑建模过程。根据权限不同,服务网站模块又分为用户模式和管理者模式两种。其中,用户模式提供了风格浏览、风格搜索、项目上传、项目查询、项目编辑和成果下载等功能,管理者模式提供了风格创建、风格编辑、风格库管理、项目监控、用户管理等功能。关于该模块的功能和界面介绍请参见本书第 7.4 节和附录 2 的相关内容。

8.2　城市建筑群三维重建实证研究——以杭州市西湖区为例

8.2.1　三维重建(实验)总体设计

1. 实验目标

本次实验的目标为:仅利用从 Google Earth 软件获取的单张遥感影像图,借助本研究集成开发的 3DRS 系统,构建实验区块内现状城市建筑群的三维虚拟模型。并在此基础上进行相关技术指标验证,证明本研究所提方法及系统不但可以保证较高的精度,而且具有低成本、低门槛、高效率的大众化特性。本书拟达到的定量化技术指标具体如下:

(1)建筑物目标的漏检率小于 3%——精度验证;

(2)建筑物平均面积重叠率大于 80%——精度验证;

(3)建筑物平均层数误差小于 1 层——精度验证;

(4)建筑物平均高度误差小于 3 米——精度验证;

(5)三维重建效率大于 4 平方千米/(人·工作日)——高效性验证;

(6)平均重建成本小于 400 元/平方千米——低成本性验证。

2. 实验总体流程设计

实验总体流程设计如图 8-7 所示,主要包括实验操作和实验验证两个部分。其中实验操作部分主要分 CBRS 子系统环境下的建筑群目标识别和 CityUp 子系统环境下的参数化建模两个阶段,每个阶段又包括多个实验环节。第 8.2.2、8.2.3 小节将分别对上述两个阶段的各实验环节作详细论述,第 8.2.4 小节将对各项技术指标进行验证。

3. 实验区选择

本次实验所选区域位于浙江省杭州市西湖区古荡和蒋村片区,南至天目山路,北到余杭塘河,东临古翠路,西到紫金港路,总面积 8.53 平方千米(见图 8-8)。

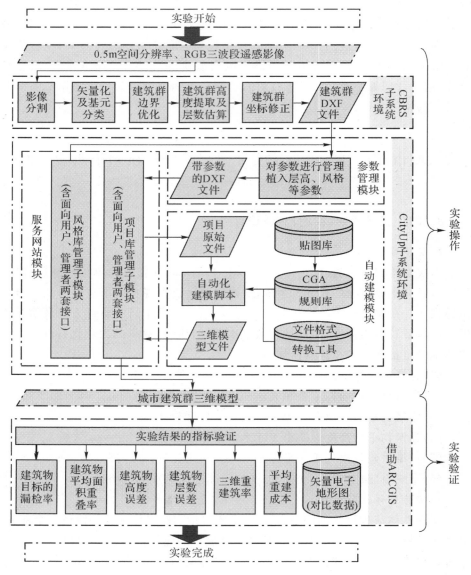

图 8-7 实验总体流程

选择该区块的建筑群作为实验对象,主要出于以下几点考虑:

(1)该区块属于杭州市西湖区范围内发展较早的区块,地块开发较成熟,建筑数量多、密度高,基本不存在大面积空地(如绿地、建筑工地和荒废用地等)。

(2)区块内建筑按高度分有低层、多层、小高层和高层,按建筑布局方式分

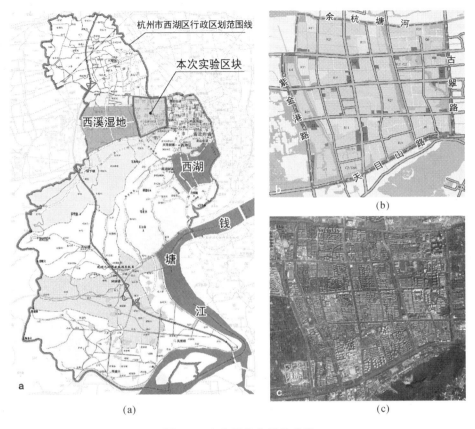

(a)

(b)

(c)

图 8-8　实验区块位置及现状

（来源：(a)、(b)来自杭州市规划局；(c)来自 Google Earth 软件截图。均已作修改）

有点式、平直式、错位式和转角式等，按建筑功能分有住宅、商业和服务设施建筑。丰富的建筑类型使实验具备全面性和代表性。

（3）为充分体现低成本性，笔者从 Google Earth 软件中获取了该区块 0.5m[①] 空间分辨率、含 RGB 三波段的遥感影像图，试图探寻利用免费遥感影像重建大尺度三维城市建筑群的可行途径。从所获取的影像来看（见图 8-8(c)），该区块建筑物目标清晰、特征明显，具有较好的目标识别条件。

（4）笔者同时从杭州市规划局获取到了覆盖该区块的最新矢量电子地形图数据（见图 8-9），其中含有所有建筑的精确二维平面轮廓线和层数信息，部分建

---

　　① Google 公司按照美国法律法规要求，对原始遥感影像分辨率作了处理，其对外公布的最高分辨率为 0.5m。

筑还包含高度信息①。该数据将作为对比数据，为实验结果的技术指标验证和评价提供依据。需要说明的是，在利用本书方法及系统进行三维重建时，这类矢量电子地形图并不是必需的，此处获取该数据只是出于对比研究的需要。

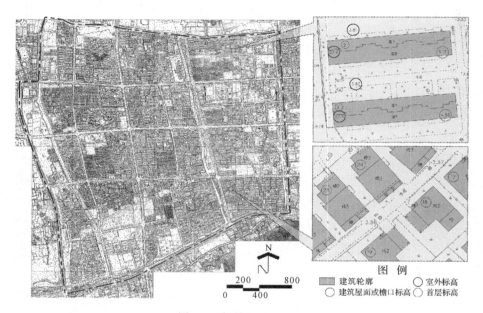

图 8-9　矢量电子地形图

（来源：原始数据来自杭州市规划局，图片由作者自绘）

4.区块单元划分

本次实验区块面积较大（达到 8.53 平方千米），建筑数量较多（约 3500 余栋），对应的整幅遥感影像文件量较大（含 RGB 三波段的 Tif 格式图像：6953 像素×7254 像素，文件大小为 144MB），这对于当前主流性能的 PC 单机而言单次处理量过大、时耗过长、易出现内存不足等问题。从另一方面来看，一次性处理大文件虽然可以减少处理次数，但是计算机每一步的执行都会相对更慢，而且一旦出现重大错误则损失更大，效率反而会显著降低。

因此，在实验操作阶段，我们将整个实验区块沿城市主干路划分成 9 个单元（见图 8-10，各单元基本情况见表 8-2），每个单元分别运用 3DRS 系统进行城市建筑群三维重建，获得该单元的建筑群模型。然后，拼接得到整个实验区块的完整城市建筑群模型。而最后的实验验证阶段将在完整模型的基础上进行。

———————————

① 利用矢量电子地形图中提供的建筑屋面或檐口标高减去室外标高得到建筑高度。

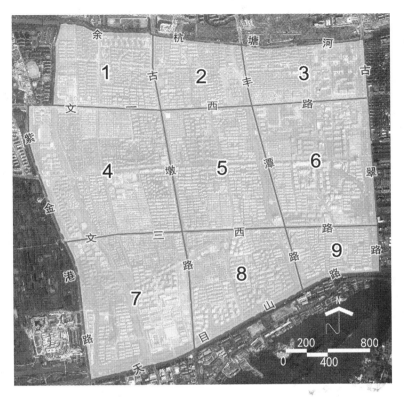

图 8-10　区块单元划分

表 8-2　各区块单元基本情况统计

单元编号	用地面积（公顷）	用地类型		建筑数量（栋）	单体密度（栋/公顷）
		主　要	少　量		
1	73.27	R21、R11	C2、U	229	3.13
2	56.96	R21、R11	C1	306	5.37
3	64.25	R21、C6	C1、C2	466	7.25
4	157.08	R21、R11	C2、U、S22、C65	670	4.27
5	109.77	R21	C2	467	4.25
6	120.03	R21、C6、C2	C2/C1/C6、R21/C2	365	3.04

续　表

单元编号	用地面积（公顷）	用地类型		建筑数量（栋）	单体密度（栋/公顷）
		主　要	少　量		
7	137.78	R21、R11、C2	C2/C65、C2/C1	493	3.58
8	92.69	R21	R11、C2	348	3.75
9	41.40	R21	C2、U	218	5.27
合计	853.23	—	—	3562	—

（注：此处将层数相同的联体建筑作为1栋整体单元进行统计；单体密度（栋/公顷）＝建筑数量/用地面积）

　　另外，考虑到本次实验区域范围较广（东西向跨度约3300m，南北向跨度约3500m），如果将整个实验区的实验结果制成彩图并插入本书，其比例尺很小（大约在1：2500），一栋15m×25m的标准点式建筑在图面上几乎将缩成一个点，无法清晰、准确、真实地表达实验结果。因此，在下面几个实验操作步骤的详述过程中，本书选择了面积最小（可使图面比例最大化）、单体密度较大、建筑类型较丰富的第9单元作为演示范例，该单元的现状遥感影像如图8-11所示。而其他1～8单元的实验操作过程和三维重建结果将在附录3中以图表形式集中呈现。

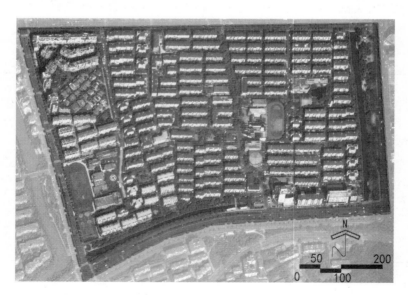

图8-11　第9单元的现状遥感影像

8.2.2　CBRS 子系统环境下的建筑群目标识别

1. 影像分割

针对第 9 单元区块,我们使用 1644 像素×1068 像素、含 RGB 三波段的 TIF 遥感影像,运用整合了本书所提的"面向对象的多尺度区域合并"和"基于量化合并代价的快速区域合并"两种技术的"多尺度区域合并分割模块"进行影像的分割(详见附图 2,参数设置:分割尺度 45,量化级别-1),结果如图 8-12、图 8-13(局部)所示,共含 4650 个区域。

图 8-12　影像分割结果

由图 8-12 可见,运用本书的"多尺度区域合并分割模块",原始遥感影像被分割成彼此相连、内部像素点颜色相同的小区域。每个小区域是对遥感影像相应范围内真实事物或局部构件的信息概括和压缩,它们使上百万个离散像素点汇聚成几千个具有一定意义的区域。从图 8-13 的对比图可以看到,由于本书分割方法具有较强的鲁棒性,又选择了较小的分割尺度参数,分割程度较充分,基本没有出现欠分割①现象,保证了每个区域内像素点的高度同质性。

2. 矢量化及基元分类

经过影像分割后形成的小区域只是一个离散的栅格像素点集,集内的点除了颜色值相同或相似外,彼此并不关联,因此无法形成一个具有独立个体概念

---

①　欠分割,与过分割相对,是指影像分割不够充分,使本该属于不同区域的像素点集被错误地合并到同一个区域中。

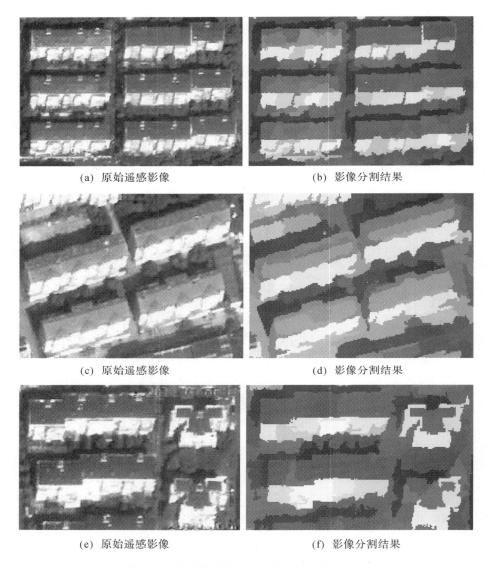

(a) 原始遥感影像　　　　　　　　　　(b) 影像分割结果

(c) 原始遥感影像　　　　　　　　　　(d) 影像分割结果

(e) 原始遥感影像　　　　　　　　　　(f) 影像分割结果

图 8-13　局部遥感影像与影像分割结果的对比

的对象，也就无法开展面向对象的影像分析。因此，我们利用 CBRS 子系统中的"矢量化功能模块"对影像分割图进行矢量化[①]，结果如图 8-14 和图 8-15 所示。矢量化后，原始的栅格区域被闭合的矢量多边形（本书称之为基元）所代替，这些

---

　　①　矢量化算法目前已较为成熟，不在本书的范畴内，因此对其算法和功能模块本书不再详细论述。

基元内部可以包含栅格区域的各种属性特征,基元之间可以建立各种拓扑关系。此外,基元还可以进行各种面向对象的处理和分析,对比栅格区域具有明显优势。

图 8-14　矢量化结果

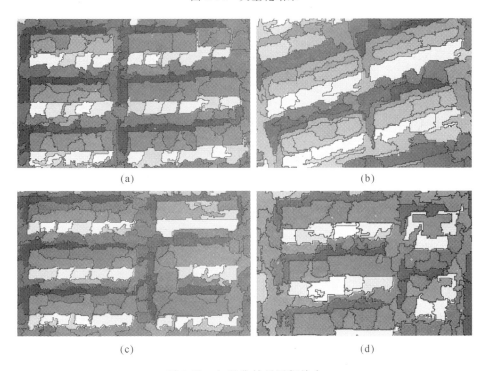

(a)

(b)

(c)

(d)

图 8-15　矢量化结果局部放大

基元分类①大致包括五个步骤:特征计算、特征选择、分类、调整、基元合并。特征计算是指为每个基元计算其波谱、形状、纹理等特征数据,本实验计算了平均亮度值、标准差、ASM 三个特征。特征选择是指从所有已经计算的特征中选择若干个作为分类的依据,本实验将上述三个特征均选入。分类是指根据已选择的特征数据,将基元分成多个类别。可用的分类器有最大似然、最小距离、B神经网络、支持向量机、决策树、专家系统等多种类型(贾坤等,2011)。为确保精度,本书采用 SVM 神经网络分类器,它是监督分类的一种,需要选择若干样本进行训练。图 8-16 中纯色填充的基元即为本次实验选定的样本基元,每种类型的样本数量如表 8-3 所示。训练后进行 SVM 分类,得到初始基元分类结果如图 8-17 所示。

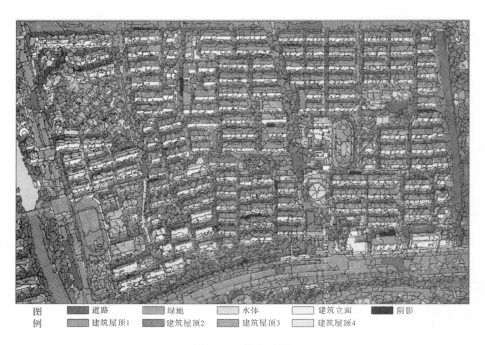

| 图 | ▉ 道路 | ▉ 绿地 | ▉ 水体 | ▉ 建筑立面 | ▉ 阴影 |
| 例 | ▉ 建筑屋顶1 | ▉ 建筑屋顶2 | ▉ 建筑屋顶3 | ▉ 建筑屋顶4 | |

图 8-16　样本选择

---

① 目前基元分类方法已经较为成熟,因此对其算法和功能模块本书不作详细论述。

表 8-3　每种基元类型的样本数

	道　路	绿　地	水　体	建筑屋顶1	建筑屋顶2	建筑屋顶3	建筑屋顶4	建筑立面	阴　影	合　计
样本数(个)	13	14	1	4	11	5	4	11	10	73
占基元总数的百分比(%)	0.27	0.3	0.02	0.08	0.23	0.1	0.08	0.23	0.21	1.57

(注:该单元的基元总数为 4650 个)

图 8-17　初始基元分类结果

　　由于遥感影像中地物状况非常复杂,同物异谱和异物同谱的现象经常出现,导致基元初始分类结果中不可避免地存在各种分类错误,需要少量的手动调整,调整的方式主要包括三类:①纠正建筑屋顶内部及周边的局部错分现象;②纠正屋顶与立面颜色相似的建筑;③纠正与屋顶颜色接近而被错分的其他构筑物,将其调整为其他类型。调整后的结果如图 8-18 所示。

　　最后,从基元分类结果中提取出所有建筑屋顶基元,并对同类基元进行合并,同时删除了单元范围以外的建筑,得到如图 8-19 所示结果。合并后共包含190 个屋顶基元。此时这些新基元与真实建筑单体相对应,开始具备独立个体的概念。

图 8-18   调整后的基元分类结果

图 8-19   建筑屋顶基元提取与合并后的结果

3.建筑群边界优化

由图 8-19 可见,上述过程提取的建筑屋顶基元边界呈锯齿状,起伏波动较大,与真实建筑轮廓存在较大差距。因此必须对建筑屋顶基元边界进行优化。

我们运用"建筑群边界优化模块"(详见附图 3),得到如图 8-20 所示的边界最终优化结果。该模块整合了本书所提"基于删除代价的矢量图形单层次优化方法"、"面向遥感影像矢量化图形的多层次优化方法"和"面向建筑群的矩形拟合优化方法"三种方法。

从图 8-20 和局部放大的对比图 8-21 可以看到,优化后的建筑群屋顶基元呈规则矩形形状(少量经手动拟合优化的除外)①,较好地保持了原始基元的整体形状特征(包括主朝向、面宽、进深等)。这种用规则矩形进行拟合优化的方式对于建筑单体而言,确实会损失一部分细节信息,但是对于大尺度的城市建筑群体而言,不仅可以大大减少矢量图形的文件量,而且建筑形体经简练概括后反而更能反映一个区域整体的空间特征。

图 8-20　建筑屋顶基元边界优化结果

---

①　为提高优化精度,此处对个别外形比较复杂(如圆形、L 形、折线形等)的建筑单独作了手动拟合处理。

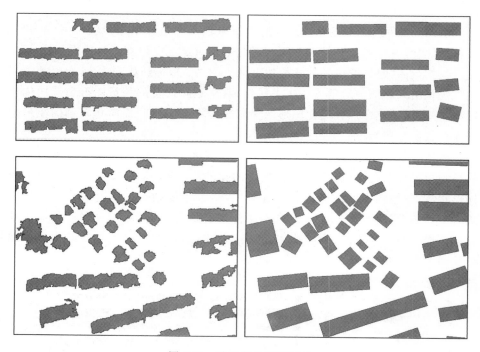

图 8-21 边界优化前后对比

4.建筑群高度提取及层数估算

(1)高度提取

我们首先随机选取 20 栋建筑单体(约占总单体数的 10%)作为高度提取的样本,并从矢量电子地形图中获取这些样本的实际高度[①](檐口或屋面高度—室外标高)。接着使用 CBRS 的"图面距离测量工具"(参见附图 4)获取这些样本在图面上的立面长度。然后将每个样本的实际高度除以立面长度并求平均值,得到平均高度比例系数 1.1793,如表 8-4 所示。

——————————

① 在实际应用中若没有矢量电子地形图,可参照本书第 6.1 节中的其他方法计算得到实际高度。

178

表 8-4 高度比例系数统计

样本编号	实际高度（m）	立面长度（unit）	高度比例系数（m/unit）	样本编号	实际高度（m）	立面长度（unit）	高度比例系数（m/unit）
1	35.35	26.88	1.3151	11	53.39	39.75	1.3431
2	43.87	33.91	1.2937	12	34.83	28.45	1.2244
3	17.47	15.15	1.1531	13	17.96	15.84	1.1339
4	17.29	15.23	1.1353	14	17.93	16.32	1.0986
5	17.45	14.83	1.1767	15	17.35	14.72	1.1786
6	17.90	15.21	1.1769	16	17.06	14.64	1.1653
7	18.29	16.24	1.1262	17	25.40	21.57	1.1774
8	19.22	17.58	1.0933	18	22.91	21.25	1.0782
9	16.97	14.68	1.1560	19	22.68	19.02	1.1923
10	20.20	17.31	1.1670	20	18.52	15.41	1.2015

（注：高度比例系数＝实际高度/立面长度；unit 代表图面上的单位长度）

接着继续用"图面距离测量工具"量取实验地块内所有建筑立面长度。其中 70% 以上的立面长度可以利用"建筑指标复制工具"（参见附图 4）从同类型建筑屋顶基元中复制获得，避免了同类建筑的重复操作，大大减少了交互量。然后将立面长度分别乘以平均高度比例系数（该步计算可由"建筑群指标计算模块"（参见附图 5）完成，不必人工计算），得到如图 8-22 所示的高度分布情况。

图 8-22 建筑实际高度分布

179

（2）层数估算

仍旧利用上述 20 个样本，从矢量电子地形图中获取它们的实际高度和层数数据，并推算出平均层高，如表 8-5 所示。

表 8-5　平均层高统计

样本编号	实际高度（米）	实际层数（层）	平均层高（米/层）	样本编号	实际高度（米）	实际层数（层）	平均层高（米/层）
1	35.35	11	3.21	11	53.39	15	3.56
2	43.87	13	3.37	12	34.83	12	2.90
3	17.47	6	2.91	13	17.96	6	2.99
4	17.29	6	2.88	14	17.93	6	2.99
5	17.45	6	2.91	15	17.35	6	2.89
6	17.90	6	2.98	16	17.06	6	2.84
7	18.29	7	2.61	17	25.40	8	3.18
8	19.22	7	2.75	18	22.91	8	2.86
9	16.97	6	2.83	19	22.68	8	2.84
10	20.20	7	2.89	20	18.52	7	2.65

由表 8-5 我们可以清晰地看到，样本的平均层高含有大于 3 米/层和小于 3 米/层两个等级。通过对遥感影像中建筑形态的观察，我们发现大于 3 米/层的一般为商业、服务业类（以下简称"高服"）建筑，而小于 3 米/层的一般为住宅建筑。因此，分别计算两个等级样本的平均层高，得到商服平均层高 3.33 米/层、住宅平均层高 2.86 米/层。

然后通过目视解译的方式将建筑物分成住宅和商服两类，并将类型写入建筑基元的相关字段。接着按照如下伪代码的方式，分别推算出不同类型的建筑层数，该计算步骤可由"建筑群指标计算模块"（参见附图 5）自动完成，最终结果如图 8-23 所示。

```
Begin(算法开始)
P = 第一个建筑屋顶基元
While（P 不为空）
Do
    S = P 的建筑类型，H = P 的实际高度
    IF　S = "住宅"则 P 的层数 = H / 住宅平均层高
```

　　ELSE　P 的层数＝H／商服平均层高

　　P＝下一个建筑屋顶基元

End（算法结束）

图 8-23　建筑层数的估算结果

5. 建筑群坐标修正

　　侧向航拍影像使提取到的建筑屋顶基元存在一定的坐标偏移,如图 8-24 所示,必须将其还原到地面投影的位置才能获得正确的地理坐标。由于拍摄距离遥远,可以认为在地块内任何一对屋顶和地面对应点(见图 8-24)连线具有相同斜率。我们采集了上述 20 个样本数据,得到该连线的平均斜率为 $K = 5.68$。

图　例

● 屋顶上一点

● 地面上对应点

图 8-24　建筑屋顶坐标偏移

然后根据式(8.1)、式(8.2),整合本书所提坐标修正方法的"建筑群坐标修正模块"(参见附图6)自动修正了每个建筑屋顶基元的坐标,结果如图8-25和图8-26所示。

$$X' = X - \frac{1}{\sqrt{1 + K^2}} \tag{8.1}$$

$$Y' = Y - \frac{K}{\sqrt{1 + K^2}} \tag{8.2}$$

图 8-25　建筑屋顶坐标修正后的效果

6. SHP-DXF 格式转换

由于在 CBRS 子系统中获取的数据为 SHP 格式,而参数管理模块只能读取 DWG 或者 DXF 格式,因此最后需将 SHP 格式转成 DXF 格式,并且将存储在 SHP 字段中的高度、层数等信息转存入 DXF 格式的相关数据结构中。对此,我们使用 DXFLIB 开源库、VC++ 语言开发了"SHP-DXF 格式转换模块[①]"(参见附图7),其中高度、层数等字段值将以扩展实体数据(XData)的方式,附加到 DXF 几何图元上。图 8-27 以层数信息为例,显示了转换前后的状态:图(a)说明层数参数保存在 CBRS 子系统的 SHP 字段中,图(b)说明层数参数已

---

　　① 该模块的算法实现与本书第 7.5.1 小节中 DXF-SHP 转换相似(为其逆运算),因此不再详述。

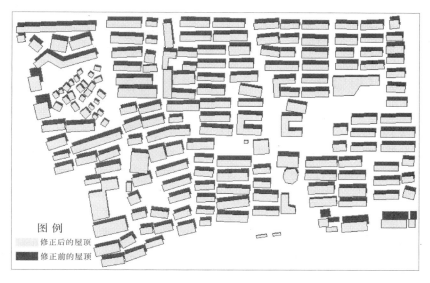

图 8-26　建筑屋顶坐标修正前后对比

经存在于 DXF 几何图元的 XDdata 扩展数据中[①]。当然,除了高度、层数字段外,SHP 格式建筑基元还包括图面长度、建筑类型等其他用于中间计算的字段,这些字段数据也会随之存入 XData。

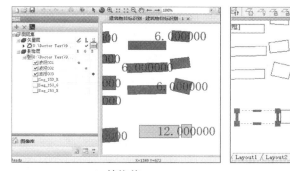

(a) 转换前

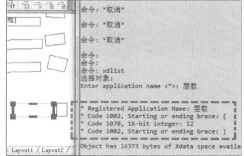

(b) 转换后

图 8-27　格式转换前后

至此,我们运用 CBRS 子系统,从一幅 Google Earth 软件截取的遥感影像中,成功提取到了建筑轮廓、建筑高度和层数信息(前者为 SHP 格式矢量图形,

---

①　在 AutoCAD 中使用 xdlist 命令,并输入 Application Name(本例为"层数"或"高度"),即可查询相应的 XData 扩展数据。

而后两者以参数形式存储于建筑屋顶基元的属性字段中），并且将其转换成了带 XData 参数信息的 DXF 格式文件，以备在 CityUp 子系统环境下使用。该实验地块的城市建筑群目标识别这一阶段性任务基本完成。

8.2.3　CityUp 子系统环境下的建筑群参数化建模

1. 参数管理

首先，需要在 CityUp 子系统的参数管理模块中将所有需要的参数以属性块的方式与建筑图元进行关联。由于程序在创建属性块时会自动将存于 XData 中的数据读出，因此只需将 XData 中没有的参数录入属性定义列表即可，如图 8-28 所示，STYLEID 是从服务网站的风格库中获得的一个风格编码。

图 8-28　属性定义列表

其次，利用"参数管理模块"（参见附图 8）中的"快速建立属性块工具"，将属性定义列表和 XData 中的参数读取出来，并与几何图元一起建立属性块。最终得到的效果如图 8-29 所示。每个图元（此时已变为属性块）的中心点上标注有关联的参数信息。至此，每一个建筑屋顶多边形图元都以属性块的方式关联了若干个参数，其中精度等级 LOD[①]、层数 FLR_NBR、首层层高 FST_HEIGHT、层高 F_HEIGHT 和风格编码 STYLEID 五个参数为有效参数，将用于参数化建模。

---

　①　LOD 用于确定模型的精细程度，值越大则模型越精细，借此我们可以控制重点对象和次要对象的不同细节水平。

最后,将该图形文件另存为 DXF 格式。

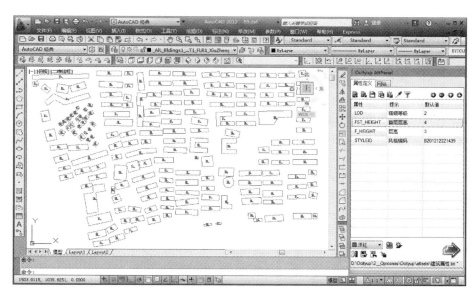

图 8-29　参数管理最终效果

2.服务网站项目库管理

(1)用户模式下

用户模式下,对于建筑、规划等行业的用户而言,他们的设计任务已经完成,剩下就是登录服务网站模块的"项目库管理子模块"(用户模式下),将包含参数的 DXF 项目文件上传到服务器,并可在其中查询该项目的处理进度。等项目处理完成之后,可以从该子模块中下载到最终的城市建筑群三维模型。

(2)管理者模式下

当用户将项目上传到服务器后,服务器后台的自动建模模块会立即获取到项目的原始文件,并将项目依次排入处理进程。管理者可以登录服务网站"项目库管理子模块"(管理者模式下),查看、编辑所有项目的处理进度和状态。当项目的三维模型生成完毕后,模型文件会被自动打包上传到服务器上供用户下载。

由于服务网站项目库管理的操作较为简单,且本书第 7.4 节和附录 2 中已有介绍,故此处不再赘述。

3.自动建模

此时自动建模模块已经获得了用户上传的项目原始文件(最主要的是含属性块的 DXF 文件),自动化建模脚本(见附图 14)会立即启动,开始了整个自动建模过程。该过程大致分以下几个步骤：

(1)项目文件整理与格式转换

由于服务网站会自动将用户上传的任意项目文件压缩成一个 ZIP 格式文件,同时用户上传的项目文件具有各种复杂目录结构的可能性,因此必须对项目文件进行整理,包括解压缩和目录结构精简两方面。图 8-30 展示了经过自动化建模脚本相关代码执行前后的目录结构对比效果:所有压缩包均被解压,子文件内容均转移到项目文件夹的根目录下,压缩包和子文件夹均被删除。

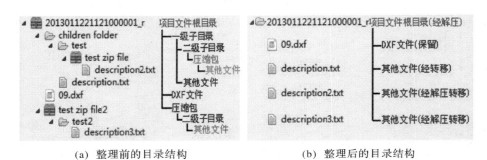

(a) 整理前的目录结构   (b) 整理后的目录结构

图 8-30　项目文件整理前后对比

项目文件整理完毕后,自动化建模脚本会使用 Shell 命令的方式调用本研究开发的"DXF2SHP. exe"软件(参见附图 15)将 DXF 格式文件转换成 CE 平台支持的 SHP 格式。转换过程中,若属性块内部图元为面(闭合多边形),则该图元会被存入 Polygon 格式的 SHP 文件,若属性块内部图元为线(非闭合形体),则该图元会被存入 Polyline 格式的 SHP 文件(见图 8-31),而块内的属性数据会被存入相应 SHP 文件的字段中。

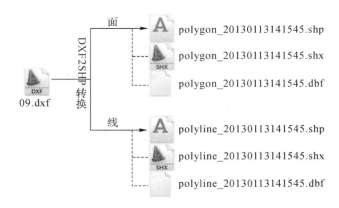

图 8-31　文件格式的自动转换过程

（2）清理工程、导入 SHP 及生成三维模型

接下来，自动化建模脚本会执行清理工程的相关代码，对三维数字场景和文件系统进行清理，以避免上一项目对本项目的影响，具体的清理内容和过程请参见本书第 7.5.4 小节。然后，自动化建模脚本会将由 DXF 转换而来的 Polygon 型和 Polyline 型（若存在）SHP 文件导入 CE 平台。

之后，自动化建模脚本执行最重要的三维建模相关代码。对于 Polygon 型 shape 对象，它首先读取每个 shape 的内部自带参数，结果如图 8-32 所示中的红框①"Object Attributes"列表所示。接着，根据该列表中的 STYLEID 参数值 "B201212211165"，脚本从规则库中找到同名的 CGA 文法规则文件，并将其指派给该 shape（即在 Rule File 中设置该规则文件的路径），如图 8-32 所示的红框②所示。此时，shape 自带参数与 CGA 文法规则中的同名参数会自动形成映射，并覆盖规则中这些参数的数值，如图 8-32 所示的红框③列表所示。列表③中 FLR_NBR、FST_HEIGHT、F_HEIGHT、LOD 四个参数值与列表①中 shape 自带的参数值相同，这说明"B201212211645.cga"这个规则文件已经使用了用户在参数管理阶段赋予该 shape 的参数值，模型将会按照用户的意愿被构建。

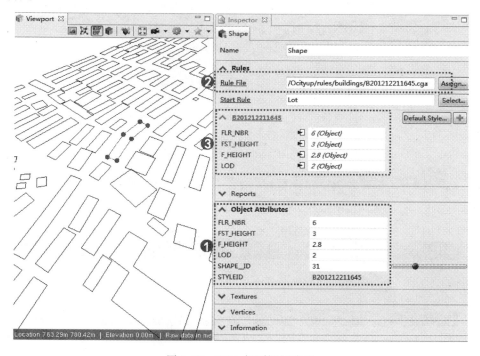

图 8-32　CGA 规则调用流程

187

当每个 shape 完成 CGA 规则文件调用和参数值传递后，便会根据各 CGA 文法规则预定义的建模流程自动完成三维建模。本单元最终的建筑群三维模型效果如图 8-33 和图 8-34 所示。对比图 8-11 可以发现，所得三维模型，不仅

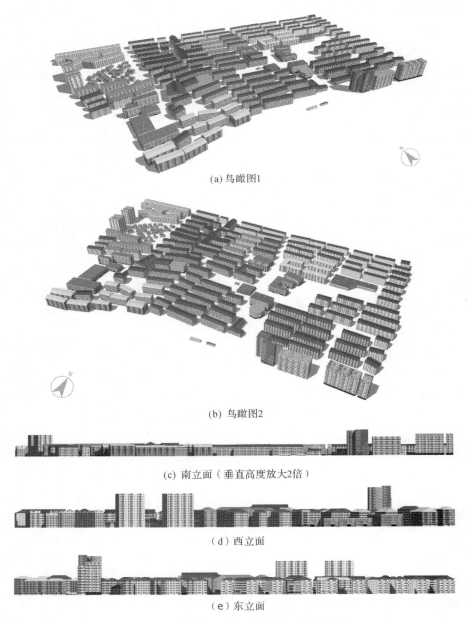

(a) 鸟瞰图1

(b) 鸟瞰图2

(c) 南立面（垂直高度放大2倍）

（d）西立面

（e）东立面

图 8-33　第 9 单元建筑群三维模型整体效果

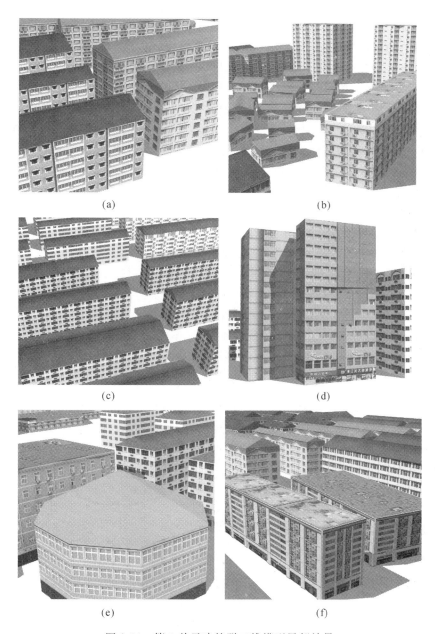

(a)　　　　　　　　　　　　　　　(b)

(c)　　　　　　　　　　　　　　　(d)

(e)　　　　　　　　　　　　　　　(f)

图 8-34　第 9 单元建筑群三维模型局部效果

能够在建筑高度、密度、类型等方面很好地体现原有城市建筑群的整体空间形态,而且单个建筑模型都能准确反映真实建筑物的主朝向、面宽、进深等空间特征和外观纹理特征。不论是平屋顶、坡屋顶、尖屋顶,也不论是住宅、商铺、写字

189

楼,所得模型均表现得相当逼真和到位。更重要的是,如此丰富的细节,并不需要任何手动建模操作,而是全部由自动建模模块(配合贴图库)自动实现,而用户需做的仅是为建筑赋予需要的风格、层高、层数等参数即可。

(3)导出并上传模型、清理工程

建模完毕后,自动化建模脚本会将模型文件打包导出并上传到服务器的相应目录下,供用户下载,并且清理整个工程,为下一个项目的处理作准备。最后,用户登录服务网站项目库管理子模块,下载解压后即可获得最终的城市建筑群三维模型文件。用户可以利用第三方三维辅助设计软件(如 Sketchup、3ds Max 等)进行浏览、分析和再编辑等任务。

值得强调的是,在自动建模模块里,上述(1)、(2)、(3)三大步骤中的所有环节均经过了流程化设计,不需要任何交互,对用户是完全屏蔽的。也就是说,用户不必也无法了解内部建模的详细过程,他们只需等待最终的模型生成即可。这种参数化建模架构大大降低了技术门槛、减轻了用户负担,为该技术的大规模推广应用创造了条件。

至此,第 9 单元的整个城市建筑群三维重建任务已经完成,该单元在实验各环节的用时情况如表 8-6 所示。其他 1～8 单元的三维重建步骤与此类似,附录 3 已采用图表形式呈现,此处不再赘述。

表 8-6　第 9 单元实验各环节时耗记录表

	影像分割	矢量化	基元分类	基元提取	边界优化	高度提取	层数估算	坐标修正	参数管理	自动建模	合计时耗
时耗(min)	1	2	5	1	2	8	6	2	8	4	39

(注:初始基元总数 4648 个,提取且合并后的建筑基元数量 190 个)

8.2.4　实验结果与指标验证

1. 单元模型拼接

经过上述实验操作,我们已经获得了 1～9 单元的三维模型文件,将它们按原地理坐标拼接,得到如图 8-35 所示的三维重建最终结果,全境共包含 3572 个建筑单体模型。将之与图 8-8(c)、图 8-10 进行对比可以发现,所得模型较好地体现了实验区域的整体空间形态,建筑群的空间疏密关系、围合感、高低错落的节奏感、纹理样式的差异性和丰富性均得到了很好的表达。除整体形态相似外,城市建筑群三维模型还必须达到较高的精度,才能有效服务于各类应用系统。因此,接下来将对实验结果的各项技术指标进行验证。

图 8-35　实验区全境建筑群三维模型鸟瞰图

　　然而三维模型文件对比、分析起来比较复杂，而且效果不够直观，所以本书将各单元经 CBRS 子系统提取获得的 DXF 文件进行拼接，经过简单的格式转换和字段处理，得到一个包含全境建筑群轮廓、高度和层数属性信息的"系统提取数据.shp"文件（如图 8-36(a)所示）。同时，将杭州市规划局提供的测绘矢量地形数据也制作成一个包含建筑实际高度、层数属性数据的"实地测绘数据.shp"文件（如图 8-36(b)所示）。"系统提取数据.shp"和"实地测绘数据.shp"将作为本次指标验证的对比数据，前者为验证对象，后者为对比参照。它们的基本情况如表 8-7 所示。

表 8-7　两组数据的基本情况

数据名	实地测绘数据.shp	系统提取数据.shp
包含的主要字段	［实际高度］、［实际层数］	［提取高度］、［提取层数］
建筑轮廓数量(个)	3562	3572
成图时间	2010 年 9 月	2013 年 1 月
备注	所有建筑轮廓均含实际层数数据，但其中有约 80% 的建筑轮廓不含实际高度数据，字段中赋值为"0"	所有建筑轮廓均含由系统提取的高度、层数数据

　　（注：①由于上述数据存在"一对多"、"多对一"等复杂情况，因此表中的建筑轮廓数量只体现数量规模，不能作类似于建筑数量增减的比较分析；②2010 年 9 月成图的实测矢量地形数据已是笔者实验前能够获得的最新数据）

为了方便说明,下面将"实地测绘数据.shp"文件中的建筑称为"实测建筑"或"实测轮廓",将"系统提取数据.shp"文件中的建筑称为"提取建筑"或"提取轮廓"。

(a) 系统提取数据.shp——验证对象   (b) 实地测绘数据.shp——对比参照

图 8-36　指标验证的对比数据

2.建筑物目标的漏检率指标——精度验证

本书的漏检是指建筑物在遥感影像中存在,但系统未将其提取出来。漏检率指标主要用于检验系统对建筑物目标个体的识别能力。以"实地测绘数据.shp"为真实世界的参照标准,那么只要从"实地测绘数据.shp"中,找出所有在"系统提取数据.shp"对应位置上不存在对应"提取建筑"的"实测建筑",即为被漏检的目标。

为了找到漏检目标,本书将借助 ArcMAP(ArcGIS 的一个桌面组件)的"空间连接"(Spatial Join)工具。该工具的基本工作原理[①]如下:①输出目标要素、连接要素,设定匹配选项(这里设为"INTERSECT",即相交模式),处理开始;②先从目标要素中取出一个对象 A ;③从连接要素中找到所有与 A 在空间上有"INTERSECT"关系的对象 B ,记作集合 S_B ;④S_B 中对象的个数代表连接数,该值被记录在输出结果的[Join-Count]字段中,同时目标要素和连接要素的

———————————

①　由于 ArcGIS 软件的应用并非本书的研究内容,所以本书只对所用工具或命令的原理或流程作简要描述,详细使用方法和操作步骤可参考 ArcGIS 的相关教程。

字段将在输出结果中合并;⑤遍历目标要素的所有对象,重复步骤②~④,空间连接完成。

我们将"实地测绘数据.shp"作为目标要素、"系统提取数据.shp"作为连接要素,匹配选项为"INTERSECT",作空间连接处理,如图 8-37 所示为该流程的示意。从图 8-37(c)的中可见,输出结果中每个(目标要素)对象包含了连接数信息(存于[Join-Count]字段中),其中连接数为"0"的对象即为漏检目标,如图 8-37(d)中所示的红色对象。

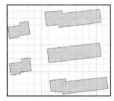 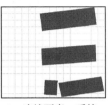 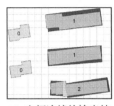 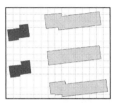

(a) 目标要素:实地 　(b) 连接要素:系统 　(c) 空间连接的输出结 　(d) 连接数为 0 的红色
　测绘数据.shp 　　　提取数据.shp s 　　　果,数字代表连接数 　　对象即为漏检目标

图 8-37　漏检目标提取流程示意

经过上述操作,得到最终的漏检目标分布情况如图 8-38 所示。图中共有漏检目标 68 个,测绘建筑总数 3562 个,漏检率为 1.9%,达到了实验前设定漏检率小于 3% 的要求,该结果充分说明:①利用高分辨率遥感影像准确获取建筑物目标,具有可行性;②本书所提方法及系统,对于建筑群目标具有较高的识别率。

3. 建筑物的平均面积重叠率指标——精度验证

建筑物的面积重叠率是指"系统提取数据.shp"中的"提取轮廓"与"实地测绘数据.shp"中的"实测轮廓"相交的总面积占"实测轮廓"总面积的百分比。该指标主要用于检验系统在水平方向上的目标识别(定位)精度,尤其验证本书所提坐标修正方法的有效性。

为获得平均面积重叠率,本书制订的 ArcMAP 处理流程如下:①在"实地测绘数据.shp"中新增[实测面积]字段,利用"Calculate Geometry..."统计各建筑面积;②在"实地测绘数据.shp"中新增[唯一编号]字段,对其作[唯一编号]=[FID]运算,为每个实测建筑轮廓赋予一个唯一的编号。其中[FID]为属性表默认的自动编号字段;③使用"相交"(INTERSECT)工具对"实地测绘数据.shp"和"系统提取数据.shp"做交集处理,得到"相交数据.shp",此数据包含了[实测面积]字段;④在"相交数据.shp"中新增[相交面积]字段,同样用"Calculate Geometry..."统计相交多边形的面积;⑤使用"溶解合并"

漏检率验证
▨ 已提取的目标
■ 漏检目标

图 8-38　漏检目标分布

（DISSOLVE）工具，将"相交数据. shp"作为其输入要素，选择由"实地测绘数据. shp"继承而来的［唯一编号］字段作为合并字段（Dissolve_Field），［相交面积］作为统计字段（Statistics Fields），统计类型（Statistic Type）为"SUM"。输出"溶解合并. shp"；⑥在"溶解合并. shp"中新增［重叠率百分比］字段，作［重叠率百分比］＝［相交面积］/［实测面积］×100，即得到每个相交多边形的重叠率。

　　这里特别需要指出的是"一对多"的情况，以图 8-39 为例。图 8-39（a）为处理前的状态，A 为"实测轮廓"，B_1，B_2 为两个与之对应的"提取轮廓"，A 与 B_1、B_2 之间为"一对多"关系。当上述流程的前 4 步处理完毕后，A 将被分成 C，D 两个对象，如图 8-39（b）所示。如果此时直接参照第⑥步的处理方式将 C，D 的面积分别除以 A 的面积，将会得到两个均小于 50％的重叠率。而实际上，C，D 两个对象均代表 A，准确的覆盖率应该是 C 和 D 的累加面积除以 A 的面积，结果应在 80％左右。正是为了避免这种误差，本书在第④步后设计了关键的第⑤

步"溶解合并"处理,其目的就是将 C,D 这类对象合并成一个对象,并使面积累加。

(a) 处理前 (b) 流程前4步的处理结果

图 8-39 "一对多"情况下的面积重叠率统计误差示意

根据上述处理流程,得到的最终结果如图 8-40 所示。图中,绝大部分建筑重叠率都达到 $80\%\sim100\%$,部分在 $60\%\sim80\%$,少数在 60% 以下。对[重叠率百分比]字段作"Statistics..."统计,得到如图 8-41 所示统计结果:面积重叠率

面积重叠率
■ 15%~60%
▨ 60%~80%
▢ 80%~100%

图 8-40 面积重叠率分布

最小值为 15.96％,最大值为 100％,平均值为 88.86％,达到了实验前设定的平均面积重叠率大于 80％的要求。该结果充分表明,本研究开发的建筑群目标识别子系统对于大尺度城市建筑群目标具有较高的识别和定位精度,能够满足大部分应用的需求。

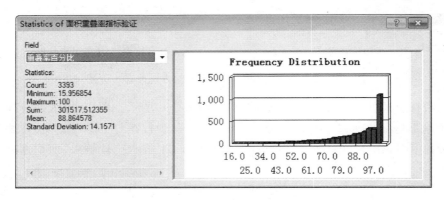

图 8-41　面积重叠率统计

4.建筑物平均层数误差指标——精度验证

目标漏检率、平均面积重叠率指标主要涉及的是几何轮廓,因此可通过"实测轮廓"与"提取轮廓"的整体比较来获得。而建筑物平均层数误差指标涉及的是属性数据,它的求取必须建立在实测轮廓与提取轮廓"一一对应"的基础上[①],否则将造成巨大的误差。

然而,通过对"实测轮廓"和"提取轮廓"进行叠加,可以发现如图 8-42 所示的五种对应关系:①一对一,即一个"实测轮廓"只与一个"提取轮廓"相交叠;②一对多,即一个"实测轮廓"与一个以上的"提取轮廓"相交叠;③多对一,即一个以上"实测轮廓"同时与一个"提取轮廓"相交叠;④一对零,即"实测轮廓"不与任何"提取轮廓"相交叠;⑤零对一,即没有任何"实测轮廓"与该"提取轮廓"相交叠。

要使"实测轮廓"与"提取轮廓"一一对应,首先要排除图 8-42(d)和(e)两种情况,其次针对图(a)、(b)和(c)三种情况,本书统一采用"最近距离法则"来搜索最佳对应方案,即对于任一"实测轮廓",选择距离其最近的一个"提取轮廓"作为关联对象。为了实现该目标,本书设计的 ArcMAP 操作流程如下:①对

---

① 这里的"一一对应"是指一个实测轮廓与一个提取轮廓之间在属性数据上建立关联,而不管它们在空间上是何种对应关系。也就是说,在空间对应关系为"一对多"和"多对一"的情况下,两者也可以做到属性数据的"一一对应"。

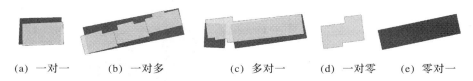

|（a）一对一|（b）一对多|（c）多对一|（d）一对零|（e）零对一|

图 8-42　"实测轮廓"与"提取轮廓"的五种空间对应关系

（注：浅色为"实测轮廓"，深色为"提取轮廓"）

"实地测绘数据.shp"、"系统提取数据.shp"进行空间连接，前者为"目标要素"，后者为"连接要素"，匹配选项为"INTERSECT"。输出"空间连接—相交.shp"；②删除"空间连接—相交.shp"中"Join-Count"字段值为"0"的"实测轮廓"（即排除一对零的情况）；③删除"空间连接—相交.shp"文件中的部分字段，使剩余字段内容与"实地测绘数据.shp"一致；④对"空间连接—相交.shp"、"系统提取数据.shp"进行空间连接，前者为"目标要素"，后者为"连接要素"，匹配选项为"CLOSEST"。输出"空间连接—最近.shp"文件；⑤最后输出的"空间连接—最近.shp"文件中包含[实测高度]、[实际层数]、[提取高度]、[提取层数]四个字段；⑥在"空间连接—最近.shp"中增加一个[层数误差]字段，并作[层数误差]＝Abs([实体层数]—[提取层数])运算，即得到最终的层数误差结果，式中 Abs()表示求绝对值。

参照上述操作流程，得到如图 8-43 所示的建筑物层数误差分布情况。其中绝大部分建筑的层数误差在 0～1 层范围内，部分误差为 2～3 层，极少量在 4～5 层，这些误差较大的建筑主要为高层建筑，误差主要来源为建筑立面长度的测量误差和层数估算模型的计算误差。从对[层数误差]字段的统计来看（见图 8-44），最小误差 0 层，最大误差 5 层，平均误差 0.77 层，满足实验前设定的平均层数误差小于 1 层的要求。该结果充分证明了本书所提层数估算模型的可行性和精确性。

5.建筑物平均高度误差指标——精度验证

要获得建筑物平均高度误差指标，也需要"实测轮廓"与"提取轮廓"之间建立"一一对应"关系，因此可以直接采用在计算平均层数误差指标时获得的"空间连接—最近.shp"文件。但是前面已经提到，在"实地测量数据.shp"文件中有约 80％的建筑缺乏实测的高度数值，其[实际高度]字段为"0"，这些数据不能用于高度误差统计，必须予以删除。因此，本书设计了如下处理流程：①首先使用"Select by Attribute..."命令，在"空间连接—最近.shp"文件中选出[实际高度]字段值为"0"的建筑，并将其删除；②为"空间连接—最近.shp"文件新增一个[高度误差]字段；③作[高度误差]＝Abs([实际高度]—[提取高度])运算，即

图 8-43　建筑物层数误差分布

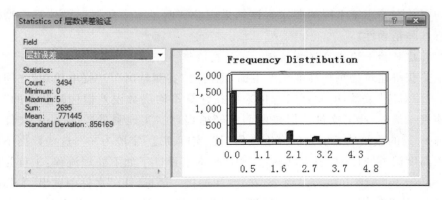

图 8-44　建筑物层数误差统计

可获得每个实测建筑的高度误差,结果如图 8-45 所示(图中灰色部分为无实测高度数据的建筑,这是笔者后期添加的,以作对比之用)。

高度误差
▨ 0~3m
■ 3~5m
■ 5~6.5m
▨ 无实测高度数据

图 8-45　建筑物高度误差分布

由图可见,大部分建筑的高度误差在 0~3m,少数在 3~5m,极少数达到 5~6.5m。这些误差超过 5m 的建筑,主要以点式或板式的小高层、高层建筑为主。误差来源主要有两个方面:一是建筑立面量测时产生的误差;二是在目标识别时可能将屋顶相似但高度不同的两个相邻建筑作为一个建筑来处理,得到的基元只继承了其中一个建筑的高度,所以在比较高度时与另一个建筑的误差比较大。

从对[高度误差]字段的统计(见图 8-46)来看,在含实测高度数据的 696 个建筑中,最小高度误差为 0m,最大为 6.48m,平均值为 2.35m,满足实验前设定的平均高度误差小于 3m 的要求。该结果充分证明了本书所提的基于扩展统计模型的建筑群高度提取方法的可行性和精确性。

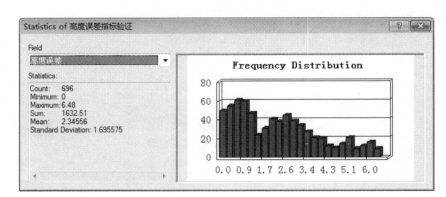

图 8-46　建筑物高度误差统计

6. 三维重建的工作效率指标——高效性验证

本书在三维重建实验过程中，对 9 个单元的各实验环节的时耗情况均作了详细记录（参见附录 3），整合后可得到如表 8-8 所示结果。由于单元面积、建筑数量不同，各单元的合计时耗存在差异，其中最小合计时耗为 41min，最大为 100min。此外，由各环节的合计时耗可以发现（见图 8-47）：①基元分类、参数管理两个环节耗时比重较大，占到总耗时的 37%，这主要是因为它们涉及基元样本的选择、风格库的检索、参数的编辑等一系列人工操作，是所有步骤中人工交互量相对最多的两个环节；②高度提取、层数估算两个环节的累积时耗也达到 29%，这主要是因为它们涉及选择建筑样本、测量建筑立面长度、计算样本相关参数等操作，也具有一定的交互量；③其余 6 个环节时耗均较少，累积占 34%，这是因为这 6 个环节均由系统程序自动完成，效率较高。

表 8-8　各单元各实验环节时耗统计

单元编号	实验环节（min）										各单元合计时耗（min）
	影像分割	矢量化	基元分类	基元提取	边界优化	高度提取	层数估算	坐标修正	参数管理	自动建模	
1	2	3	9	2	3	8	6	3	10	5	51
2	1	2	8	2	3	8	6	3	10	5	48
3	1	3	9	2	3	8	6	3	9	5	49
4	3	7	17	5	5	16	14	5	20	8	100
5	3	5	12	4	4	11	10	4	15	6	74

续　表

单元编号	实验环节(min)										各单元合计时耗(min)
	影像分割	矢量化	基元分类	基元提取	边界优化	高度提取	层数估算	坐标修正	参数管理	自动建模	
6	3	5	13	4	4	12	10	4	15	6	76
7	3	5	15	4	4	14	12	4	18	7	86
8	2	4	10	3	3	10	8	3	13	5	61
9	1	2	7	1	2	8	6	2	8	4	41
各环节合计时耗(min)	19	36	100	27	31	95	78	31	118	51	586

（注：以上时耗不包含环节与环节之间衔接、准备的用时）

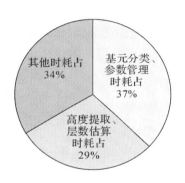

图 8-47　不同环节的时耗百分比

从整体来看，9 个单元的实验总时耗为 586min，约合 9.8h。以 8h 工作制计算，同时考虑到各环节之间的衔接、准备的时耗，9 个单元的总用时约为 1.5 个工作日（单人）。由此可以计算出本次 8.53 平方公里实验区域三维重建效率为：5.69 平方公里/（人·工作日），达到了实验前设定的工作效率大于 4 平方公里/（人·工作日）的要求。而如果采用传统技术方法，要完成同样规模、同样精度的三维重建任务，一般单人需要花费一个月甚至更多的时间。

上述结果充分表明：①通过本书对目标识别技术的改进与创新，识别效率得到了提高；②建筑群参数化建模子系统 CityUp 大幅提高了三维建模的效率；③本书所提的基于目标识别和参数技术的城市建筑群三维重建方法，在效率上具有非常明显的优势；④其中人工交互量较多的环节，还有进一步提升、优化的空间。

需要补充说明的是，笔者已在 CityUp 子系统的服务网站模块中建立了两百余种风格(对应有两百余个文法规则及大量贴图),已经可以满足实验区域对建筑风格多样性的需求,因此上述自动建模过程默认使用系统中已有的文法规则和贴图,不存在编写文法规则、采集和制作贴图等方面的时间开销。即使需要建立新的风格(即文法规则),根据笔者的实践经验,平均 2～3min 时间可以编写一个 CGA 文法规则(因为大部分代码可以重用),而文法规则所需要的贴图资源可以从互联网上搜集,也非常方便。更重要的是,一旦一个规则编写完毕,即可无限制地共享、重用。而传统方法从贴图采集、编辑再到建模和纹理映射,不但单个模型所消耗的时间更多,而且总时耗会随着模型数量的增加而呈线性增长。因此,即使要考虑编写文法规则和制作贴图等方面的时间开销,本书方法及系统同样具有显著的效率优势。

7. 平均重建成本指标——低成本性验证

首先,为了充分体现本书所提方法及系统的低成本、大众化特性,本次实验特意选用了公众能够轻易获取的 Google Earth 遥感影像资源。在仅限于个人学习、研究的情况下,该资源可免费使用,从而大幅降低建筑群基础数据的获取成本。另外,当前各类遥感影像成熟产品的价格也相对较为低廉。例如三波段融合、空间分辨率为 0.6m 真彩色或彩红外三个波段的 QuickBird(快鸟)影像数据价格在 150～250 元/平方公里;而空间分辨率为 0.5m 的 Geo Ortho Kit 单景影像的价格也仅在 200 元/平方公里上下。所以,购买覆盖本次 8.53 平方公里实验区块的遥感影像资源所需成本大约在 2000 元左右。

其次,在应用 3DRS 系统进行三维重建的过程中,除了人工成本之外,不需要其他财力或物力投入(软、硬件设施除外)。所以,以我国目前一线城市三维建模师平均月薪 6000 元、每月 20 个工作日计算,1.5 个工作日的人工成本约在 450 元。

可见,如果使用免费的遥感影像资源,则本次实验的总成本只有 450 元,而即使考虑购买遥感影像产品,总成本也仅为 2450 元,每平方公里成本为 287 元,满足实验前设定的成本小于 400 元/平方公里的要求。该结果充分表明:①利用目标识别技术从遥感影像中获取建筑群基础数据,可以大幅降低数据获取成本;②整套 3DRS 系统(特别是建筑群参数化建模子系统)提高了建模速度、减少了人工交互量,同时也因此显著降低了人工成本。

需要注意的是,本书虽然没有将软硬件设备、场地等这些变数较大的成本因素考虑在内,但是就 3DRS 系统本身以及整个三维重建操作而言,其对软、硬件设备、场地的要求要远低于传统三维重建平台和传统技术方法。所以,如果将这些因素考虑在内,本书方法及系统将更具成本优势。

8. 低门槛性分析

由于技术门槛这一概念比较模糊,难以用定量化的方式来描述。因此,本实验并未就技术门槛提出具体的技术指标要求。但是从 3DRS 系统各个功能模块对用户的技术要求来看,还是能够反映出该系统的低门槛特性:①CBRS 子系统对影像分割、矢量化、基元提取、矢量优化、坐标修正等系列环节都实现了计算机高度自动化,而对基元分类、高度提取、层数估算等环节也提供了相应的辅助功能模块,尽可能减少了人工交互量;②CityUp 子系统采用了"参一建分离"的系统架构,使用户从文法规则和自动化脚本编写、规则库和贴图库构建、参数化平台操作等高难度且烦琐的任务中解脱出来,降低了系统对用户在这些方面的知识、技术水平要求;③CityUp 子系统中的参数管理模块,内嵌于广大用户所熟悉的 AutoCAD 平台,采用了人性化的界面设计,集成了自动化的功能模块,使得建筑、规划等行业的普通设计用户掌握起来非常轻松;④服务网站模块将枯燥的 CGA 文法规则转化为直观的模型效果图,使用户更易理解。模块提供的风格库、项目库采用了非常清晰、简洁的界面和流程设计,对于任何会上网的用户而言都可以快速上手。

通过上述分析,并结合前文对三维重建效率的指标验证结果可以知道,本研究所提的整套解决方案充分具备了低门槛特性,为该项技术的普及和大尺度城市建筑群三维模型的广泛应用奠定了基础。

9. 时效性分析

由于实验前从杭州市规划局获取的实地测绘矢量地形数据是在 2010 年 9 月成图的,经过 2 年多的发展,城市地表必然存在变化。基于此,本书尝试将"系统提取数据.shp"与"实地测绘数据.shp"作空间连接分析:前者作为目标要素,后者作为连接要素,匹配选项为"INTERSECT"。然后将输出结果中字段[Join-Count]数值为"0"的建筑采用突出显示,得到如图 8-48 所示的结果,其中红色部分即为近年来新增的建筑单体,总数多达 314 栋。

由此可见,基于遥感影像的目标识别技术可以即时、快速、准确地反映城市地表变化,保证城市建筑群三维模型的时效性。而且,3DRS 系统的三维重建效率在 4 平方公里/(人·工作日)以上,一个 100 平方千米的城市区域,只需 5 个工作人员花费 5 天左右的时间即可完成三维重建任务,这样整个城市在一个月之内最多就可更新 4～5 次,而成本又非常低廉。这种模型更新的速度远远快于城市的自我更新速度,从而解决了长期以来大尺度城市三维模型更新难、时效性差的难题,保证了模型数据的有效性。

最后,对上述指标验证和分析结果进行汇总,得到如表 8-9 所示的结果。由表可见,本次杭州市西湖区城市建筑群三维重建实验,在精度、效率、成本等方

■原有建筑
■新增建筑

图 8-48　近年新增建筑的分布

面均达到了实验预设目标,同时在技术门槛、时效性方面也体现了明显优势和大众化特性。实验结果证明了本书所提系统、系列方法和整套解决方案具有可行性。

表 8-9　指标验证与分析结果汇总

编号	指标类型	目的	实验预设目标	实验结果	是否达标
1	建筑物目标的漏检率指标		小于 3％	1.9％	是
2	建筑物平均面积重叠率指标	精度验证	大于 80％	88.86％	是
3	建筑物平均层数误差指标		小于 1 层	0.77 层	是
4	建筑物平均高度误差指标		小于 3 米	2.35 米	是

编号	指标类型	目的	实验预设目标	实验结果	是否达标
5	三维重建效率指标	高效性验证	大于 4 平方公里/(人·工作日)	5.69 平方公里/(人·工作日)	是
6	平均重建成本指标	低成本性验证	小于 400 元/平方公里	287 元/平方公里	是
7	低门槛性		—	—	是
8	时效性		—	—	是

8.3　本章小结

首先,从系统目标、结构、功能和工作界面等方面,对集成本书关键技术和方法开发的城市建筑群三维重建软件原型系统 3DRS 及其子系统 CBRS、CityUp 作了介绍。

其次,以杭州市西湖区为案例对本书所提系统和系列方法开展了实证研究,并从精度、效率、成本、门槛、时效性等方面进行了指标验证和分析。实证研究的展开技术细节如下:

(1)三维重建(实验)总体设计。制订本次实验的目标和总体流程,确定实验区域。选择的区域位于杭州市西湖区古荡和蒋村片区,总面积为 8.53 平方千米。使用的数据包括从 Google Earth 软件中获取的 0.5m 空间分辨率、含 RGB 三波段的遥感影像图以及覆盖该区块的最新矢量电子地形图数据,前者为实验数据,后者为对比数据。此外,出于处理效率和图面展示效果的考虑,将实验区块沿城市主干路划分成 9 个单元,并选取第 9 单元作为演示范例。

(2)CBRS 子系统环境下的建筑群目标识别实验。首先,运用“多尺度区域合并分割功能模块”对遥感影像进行分割;其次,执行矢量化和基元分类,得到各种类型的建筑屋顶矢量基元;再次,利用“建筑群边界优化模块”获得规则的建筑屋顶轮廓边界;第四,综合运用“图面距离测量工具”、“建筑指标复制工具”和“建筑群指标计算模块”,获得每个建筑屋顶基元的实际高度、层数等数据;最后,执行 SHP-DXF 格式转换。从获得的最终结果来看,建筑屋顶基元与真实地物轮廓较接近,原始形态特征得到充分保留,内部包含了参数化建模所需的高度、层数数据,文件格式已符合参数化建模的要求。

（3）CityUp 子系统环境下的建筑群参数化建模实验。首先，利用"参数管理模块"中的"快速建立属性块工具"，为每个建筑图元创建属性块。其次，将文件另存为 DXF 格式，并通过服务网站上传到服务器上；自动建模模块在获取到 DXF 文件后，启动自动化建模脚本，自动执行项目文件整理与格式转换、清理工程、导入 SHP 及生成三维模型、导出并上传模型等一系列操作后，最终获得实验单元的城市建筑群三维模型。从实验过程来看，用户只需负责参数管理和上传项目文件即可，复杂的建模过程由位于服务端的自动建模模块自动完成，大大减轻了用户负担，降低了技术门槛，提高了建模效率。而且所得模型形态逼真、纹理丰富、细节真实，可以满足大部分的三维应用需求。

（4）实验结果与指标验证。本章最后对 9 个单元地块的目标识别输出结果和三维模型进行了拼接，并在此基础上对精度、效率、成本、门槛、时效性等多个方面进行了指标验证和分析。验证结果均达到了实验前设定的目标，体现了广泛的优势和大众化特征，证明了本研究所提系统、系列方法和整套解决方案的可行性。

第9章 总结与展望

9.1 总 结

三维重建是计算机视觉、计算机图形学、虚拟现实等诸多领域所共同关注的一个研究主题,而城市建筑群三维重建是其中的一个重要方面。随着数字城市的快速发展和城市三维空间模型应用领域的不断扩展,城市建筑群三维模型的需求日益增长。然而传统建筑物三维重建方法在面对大空间尺度、大数据量、更新节奏快的城市建筑群时,在效率、精度、成本、尺度、技术门槛等方面均不同程度存在缺陷。寻求一种适用于大尺度城市建筑群的低成本、低门槛、高效率的"大众化"三维重建解决方案,便成为数字城市及相关领域的一个迫切需求。与此同时,遥感影像的空间、光谱和时间分辨率不断提高,价格日趋低廉,已成为城市地理空间信息的重要获取源,为利用目标识别技术、从遥感影像中提取建筑基础数据提供了有利的条件。此外,参数化技术近年来发展迅速,在建筑规划领域的研究和应用日趋广泛和成熟,涌现了一大批研究团队、参数化软件平台和优秀工程案例。运用参数化技术,构建建筑、规划等领域所需的大尺度城市建筑群三维模型已成为可能。正是在上述背景的基础上,本书提出了基于目标识别和参数化技术的城市建筑群三维重建研究,以期提供一套低成本、低门槛、高效率的大众化解决方案。

本书的主要工作如下:

(1)本书对建筑物三维重建、基于遥感影像的建筑物目标识别、建筑物参数化建模这三大领域的国内外相关研究作了回顾,总结了现有各类技术方法的优劣势,指出了目前存在的主要问题,并通过研究发现建筑物目标识别技术与参数化建模技术所拥有的优势,恰可解决建筑物三维重建面临的两大难点,由此提出了本书的研究思路。

(2)本书对建筑物目标识别、参数化建模、三维重建三大技术体系进行了深度解构,深入分析了各体系的内部组成要素、结构关系、功能分工和技术优劣势等内容,指出了当前三大体系形成缺乏交叉的"二元并行框架"的主要原因,并给出了交叉的可行途径。其次明确了新框架的构建目标与原则,并通过体系重构,构建了城市建筑群三维重建的"三元交叉框架"。该框架由建筑群三维重建整体框架、建筑群目标识别子框架和建筑群参数化建模子框架组成:整体框架使三者形成了一个紧密连接、流程清晰、分工明确、目标一致的统一整体;建筑群目标识别子框架从处理流程的角度对原有体系作了改进和创新,使整体框架中目标识别部分的指导性流程变得更具可操作性;建筑群参数化建模子框架对整体框架中原有技术体系作了一次重大突破和创新,形成了"参—建分离"的系统架构,使低门槛、高效率的参数化建模成为可能。

(3)本书针对建筑群目标识别子框架中的影像分割环节进行了研究。提出了一种面向对象的多尺度区域合并分割方法,该方法提供了一套采用面向对象技术解决区域合并分割问题的新框架,使综合考虑多种地物特征和多尺度分割成为可能,从而有效提高分割精度。此外,实验结果表明该方法所提的等级队列准入的三个限定条件能够在保证分割精度的情况下,最大限度地缩短等级队列长度,显著提高合并速度。还提出了一种基于量化合并代价的快速区域合并分割方法。该方法首先从优化等级队列排序和检索的机制出发,对需插入队列的链接按照合并代价进行量化,将代价接近的链接归为一类,同类之间无需排列,即通过适当降低排序精度来提高合并速度;其次从优化等级队列自身结构出发,采用 STL 中的 MAP 类构建二维动态等级队列,利用 MAP 类高效的检索、自动排序能力来提高合并效率。实验结果表明该方法不仅能够保证较高的分割精度,而且随着影像初始分割区域数量的增加,其合并速度优势会越来越明显。

(4)本书针对建筑群目标识别子框架中的矢量图形优化环节进行了研究。针对经典 DP 算法在优化效率上有待进一步提升的问题,提出了一种基于删除代价的矢量图形单层次优化方法,其核心在于 DCA 算法。首先,通过数理分析方式证明了经典 DP 算法是一种简化的 DCA 算法,在某些特殊情况下前者不如后者精确,而且在距离运算部分后者具有更低的时间复杂度。等处理率、等压缩率两方面的对比实验证明了 DCA 算法的单位节点处理能力和等压缩率下的处理速度具有显著优势。其次,论文在提出了一种面向遥感影像矢量化图形的多层次优化方法。该方法能够依据每条边界的平均弧段长度的不同采用不同的优化强度。大量对比实验结果表明,相较于传统优化方法,该方法对影像分割尺度和影像空间分辨率具有更强的适应性,而且能够使不同地物具有不同的规则度,较好地还原了地物的多层次特性,提高了优化精度。再次,论文还提出了一种面向建筑群的矩形拟合优化方法。该方法可以有效减少最小面积外接矩形的计算时间,确保拟合矩形对边平行、邻边垂直的关系。实验结果表明,该方法无论在形态上还是面积精度上,均达到了较理想的效果。

(5)本书对建筑群目标识别子框架中的三维信息提取及坐标修正进行了研究,提出了基于扩展统计模型的建筑群高度提取方法。该方法在原有建筑物阴影信息的基础上引入更易观察和测量的建筑物立面信息,并提出了四种适用于大尺度城市建筑群高度提取的便捷、可行方案。实验结果表明,该方法能够获得较高的提取精度。此外,还提出了统一层高模型、类型差异模型、首层差异模型这三种不同精度的城市建筑群层数估算模型,为快速、自动获取成片建筑群的层数信息提供了条件。实验结果表明,三种模型的层数估算精度均可以满足各自不同的应用需求。本书还对侧向航拍影像中建筑群坐标误差形成的原因进行了详细分析,提出了相应的修正方法,为建筑群目标的精准定位提供条件。

(6)本书对建筑群参数化建模子框架进行了深化。首先,对"参—建分离"的系统架构进行了详细设计,确立了三大模块的组织关系,细化了各模块的内部结构,建立了各模块之间的清晰工作流程,使该架构具有了可操作性,为后续针对各模块的功能细化和技术攻关奠定了基础。其次,针对参数管理模块,提出了基于属性块的参数、图元关联方法,基于人性化交互界面的参数组织与管理方法,利用块与块内图元相对独立的特点而设计的属性块恢复机制,以及属性块管理的程序实现方法。所述方法使得用户可以在熟悉的 AutoCAD 平台下、借助人性化的交互界面和高效的计算机程序,实现对参数的高效管理,降低了技术门槛。再次,针对服务网站模块,设计了风格库管理子模块和项目库管理子模块,两者均包含用户、管理者两种模式。该模块提供了风格库查询、项目文件上传和模型文件下载等功能,是"参—建"之间的桥梁。此外,针对自动建模模块,提出了基于 DXFLIB、OGR 库的 DXF-SHP 文件格式自动转换方法,CGA 文法规则和规则库框架的设计方法,规则库的调用和参数值传递方法,以及自动化建模脚本的设计方法。所述方法提高了自动化程度,大幅降低了技术门槛和成本,提高了建模效率。

(7)本书从系统目标、结构、功能和工作界面等方面,对集成本书关键技术和方法开发的城市建筑群三维重建软件原型系统 3DRS 及其子系统 CBRS、CityUp 作了介绍。另外,以杭州市西湖区为案例对本研究所提方法和系统开展了实证研究,并从精度、效率、成本、技术门槛、时效性等方面进行了指标验证和分析,验证了整套解决方案的可行性。

9.2 展 望

本书虽然在基于目标识别和参数化技术的城市建筑群三维重建方面作了一些研究工作,但至少还可以在以下几个方面作进一步的深入和扩展。

1. 分割过程中引入建筑知识

人类视觉分割的独特性在于分割过程中融入了许多先验知识,这是为什么人类视觉分割总是优于计算机分割的一个重要原因。因此,模拟人类的视觉分割过程,在遥感影像分割过程中引入建筑知识,将有助于改善建筑地物的分割结果。例如,可以在分割过程中加入建筑形状约束、建筑与阴影的空间关系约束,可以在确定分割参数(如聚类阈值、增长阈值、合并阈值等)上引入建筑波谱知识。由于提取不同类型的建筑或者覆盖不同城市区域的遥感影像可能需要不同的先验知识,选择何种建筑知识以及如何利用建筑知识来引导分割过程便成为非常关键的问题。

2. 建筑矢量图形优化的精细化

随着计算机硬件性能的不断提升和三维图形显示技术的不断发展,在不久的将来,超大尺度、照片级的城市三维虚拟场景的实时渲染和动态漫游将成为可能。届时,用规则矩形表示的建筑轮廓将无法满足后续精细建模的要求,所以需要更加精细的优化方法。但是,不同形状的建筑形态需要不同的优化算法,而且建筑自身形状的起伏波动与离散数据栅格化、影像噪声原因等引起的误差波动同时存在,因此选择何种优化算法、如何判别建筑形状以及如何排除误差干扰将是建筑矢量图形精细优化的核心问题。

3. 并行集群的目标识别方法

由于城市地域广阔、变化快,建立和更新城市建筑群三维模型需要大量的高分辨率遥感影像,从这些海量数据中识别和提取出有用建筑信息的速度便成为影响城市建筑群三维重建整体效率的关键因素之一。这就对基于遥感影像的目标识别技术方法提出了更高的要求。除了对识别方法本身进行优化外,并行集群方法的引入是提高目标识别效率的另一个非常有效的途径。在并行集群环境下,识别效率会随着 CPU 核数、联网计算机数量的增加而提高,这为海量遥感数据的高效识别提供了无限的可能性,是一个非常有价值的研究方向。

4. 参数化建模子系统的充实与完善

基于"参—建分离"系统架构的参数化建模子系统,是本研究的一个重要创新。因此,系统内部的技术方法还有待进一步充实与完善,主要包括:增加和优化参数管理功能,丰富规则库和风格库,进一步优化整个流程、提高自动化水平,扩展系统功能(如用于技术指标统计、城市规划方案的自动生成等)。

5.城市建筑群三维模型的应用

正如我们所知的那样,城市建筑群三维重建不是我们的最终目的,依赖所获得的三维模型进行相关的三维空间分析和辅助决策才是我们的最终的目的。唯有如此,城市建筑群三维重建的研究价值才能最终体现。在以后的研究过程中,我们将在城市规划、建筑设计、数字城市、智能交通等领域开展基于城市建筑群三维模型的应用研究。

6.从城市建筑群到城市场景的扩展

由于时间和精力有限,本书重点围绕城市三维空间的主体要素——城市建筑群的三维重建方法开展了相关研究。这只是整个城市场景三维重建领域的一个方面。在以后的研究过程中,我们将对研究对象进行分步扩展,逐步从建筑群扩展到道路网、地形、植被等,最终扩展到整个城市场景。

参考文献

［1］ Abraham L, Sasikumar M. Automatic Building Extraction from Satellite Images using Artificial Neural Networks［J］. Procedia Engineering, 2012, 50: 893-903.

［2］ Adams R, Bischof L. Seeded region growing［J］. IEEE Trans. Pattern Analysis and Machine Intelligence, 1994, 16: 641-647.

［3］ Ah-Soon C, Tombre K. Architectural symbol recognition using a network of constraints［J］. Pattern Recognition Letters, 2001, 22(2): 231-248.

［4］ Baatz M, Schape A. Multiresolution Segmentation: an optimization approach for high quality multi-scale image segmentation ［C］: Angewandte Geographische Informationsverarbeitung XII, Wichmann-Verlag, 2000.

［5］ Bakolas R. Virtual Urbanity: A parametric tool for the generation of virtual cities ［D］. master degree thesis, London: University of London, 2007.

［6］ Black N D, Millar R J, Kunt M, et al. Second-generation image coding ［M］. Elsevier, 2000.

［7］ Blaschke T, Lang S, Lorup E, et al. Object-Oriented Image Processing in an Integrated GIS/Remote Sensing Environment and Perspectives for Environmental Applications［J］. Environmental Information for Planning, 2000(2): 555-570.

［8］ Briese C. Structure line modeling based on terrestrial laserscanner data ［C］. Dresden, 2006.

［9］ Cao G, Yang X, Mao Z. A Two-Stage Level Set Evolution Scheme for Man-Made Objects Detection in Aerial Images［C］. NW Washington, 2005.

［10］ Cardenas C A, University H. Modeling strategies: Parametric design for fabrication in architectural practice［M］. Harvard University, 2007.

［11］ Carron T，Lambert P. Color edge detector using jointly hue，saturation and intensity［J］. IEEE International Conference on Image Processing，1994：977-1081.

［12］ Castleman K R. 数字图像处理［M］. 朱志刚,等,译. 北京：电子工业出版社，2002.

［13］ Chen G，Esch G，Wonka P，et al. Interactive procedural street modeling ［C］. 2008.

［14］ Cheng F，Thiel K H. Delimiting the building heights in a city from the shadow in panchromatic SPOT-Image-Part 1-Test of Forty Two Buildings［J］. International Journal of Remote Sensing，1995，16(3)：409-415.

［15］ Cheng H D，Jiang X H，Sun Y，et al. Color image segmentation［J］. Pattern Recognition，2001，34(12)：2259-2281.

［16］ Coyne B，Sproat R. WordsEye：An Automatic Text-to-Scene Conversion System［C］. 2001.

［17］ Day M. The trouble with BIM［EB/OL］. http://aecmag. com/index. php？option＝com_content&task＝view&id＝450.

［18］ De Halleux J. A C++ implementation of Douglas-Peucker line approximation algorithm［EB/OL］. http://www. codeproject. com/KB/recipes/dphull. aspx.

［19］ Definiens. eCognition Developer 8 User Guide(version 1. 2. 0)［M］. Germany：Definiens AG，2009.

［20］ Dosch P，Tombre K，Ah-Soon C，et al. A complete system for the analysis of architectural drawings［J］. International Journal on Document Analysis and Recognition，2000，2(3)：102-116.

［21］ Douglas D H，Peucker T K. Algorithms for the reduction of the number of points required to represent a digitized line or its caricature［J］. Cartographica：The International Journal for Geographic Information and Geovisualization，1973，10(2)：112-122.

［22］ Doxygen. Gdal Class Hierarchy［EB/OL］. http://www. gdal. org/ogr/hierarchy. html.

［23］ Duarte J P，Rocha J，Ducla-Soares G，et al. An urban grammar for the Medina of Marrakech［C］. Springer，2006.

［24］ Dylla K，Frischer B，Mueller P，et al. Rome Reborn 2. 0：A Case Study of Virtual City Reconstruction Using Procedural Modeling Techniques [C]. 2010.

[25] Ebisch K. A correction to the Douglas – Peucker line generalization algorithm[J]. Computers & Geosciences, 2002, 28(8): 995-997.

[26] Erlandsson F, Linnman C, Ekholm S, et al. A Detailed Analysis of Cyclin A Accumulation at the G1/S Border in Normal and Transformed Cells[J]. Experimental Cell Research, 2000, 259(1): 86-95.

[27] Esri. CityEngine Help[EB/OL]. http://www.esri.com.

[28] Fabris A E, Forrest A R. Antialiasing of Curves by Discrete Pre-filtering[C]. 1997.

[29] Finkelstein A. lecture notes[M/OL]. 2003. http://www.cs.princeton.edu/courses/archive/spr03/cs426/lectures/16-procedural.pdf.

[30] Gerke M, Heipke C, Straub B. Building extraction from aerial imagery using a generic scene model and invariant geometric moments[C]. 2001.

[31] Ghali, Sherif. Constructive Solid Geometry [M]. Springer London, 2008: 277-283.

[32] Ghassan K, Veronique G, Rene C. Controlling object natural behaviors in a 3D declarative modeler[C]. 1998.

[33] Glass K R, Orkel C, Bangay S D. Duplicating Road Patterns in South African Informal Settlements Using Procedural Techniques[C]. 2006.

[34] Gruen A, Nevatia R. Automatic Building Extraction from Aerial Images [J]. Computer Vision and Image Understanding, 1998, 73(2): 1-2.

[35] Gruen A, Xinhua W. Creation of A 3D City Model of Zurich With CC-Modeler[C]. 1998.

[36] Grun A, Dan H. TOBAGO-a topology builder for the automated generation of building models[M]. Berlin: Birkhauser Verlag, 1997.

[37] Hadid Z. One North Masterplan[EB/OL]. http://www.zaha-hadid.com/masterplans/one-north-masterplan/.

[38] Haris K, Efstratiadis S N, Maglaveras N, et al. Hybrid image segmentation using watersheds and fast region merging [J]. Image Processing, IEEE Transactions on, 1998, 7(12): 1684-1699.

[39] Hershberger J, Snoeyink J. Speeding Up the Douglas-Peucker Line-Simplification Algorithm[C]. 1992.

[40] Hofmann A D. Analysis of Tin-structure parameter spaces in airborne

laser scanner data for 3D building model generation[C]. 2004.

[41] Horna S，Damiand G，Meneveaux D，et al. Building 3D indoor scenes topology from 2D architectural plans[C]. 2007.

[42] Hueckel M H. An operator which locates edges in digitized pictures[J]. J. Assoc. Comput. Mach. ，1971，18(1)：113-125.

[43] Inglada J，Giros A. Automatic man-made object recognition in high resolution remote sensing images[C]. 2004.

[44] Irvin R B，Mckeown D M. Methods for exploiting the relationship between buildings and their shadows in aerial imagery[J]. Systems，Mans and Cybernetics，1989，19(6)：1564-1575.

[45] Jinghui D，Veronique P，Hanqing L. Building extraction in urban areas from satellite images using GIS data as prior information[C]. 2004.

[46] Karantzalos K，Paragios N. Recognition-driven two-dimensional competing priors toward automatic and accurate building detection[J]. IEEE Trans on Geoscience and Remote Sensing，2009，47(1)：133-144.

[47] Lafarge F，Descombers X，Zerubia J，et al. Automatic building extraction from DEMs using an object approach and application to the 3D-city modeling[J]. Isprs Journal of Photogrammetry and Remote Sensing，2008，63(3)：365-381.

[48] Lechner T，Ren P，Watson B，et al. Procedural Modeling of Urban Land Use[C]. 2006.

[49] Lechner T，Watson B，Ren P，et al. Procedural Modeling of Land Use in Cities[M/OL]. Illinois Institute of Technology，2004.

[50] Lechner T，Watson B，Wilensky U，et al. Procedural city modeling[C]. 2003.

[51] Legakis J，Dorsey J，Gortler S J. Feature-based Cellular Texturing for Architectural Models[C]. 2001.

[52] LingBo. 新加坡 One North 总体规划[EB/OL]. http://www. ikuku. cn/7973.

[53] Littmann E，Ritter H. Adaptive color segmentation—a comparison of neural and statistical methods[J]. IEEE Trans. Neural Network，1997，8(1)：175-185.

[54] Lu T，Tai C，Yang H. A novel knowledge-based system for interpreting complex engineering drawings：theory，representation，and implementation

[J]. IEEE Transactions on Pattern Analysis and Machine Intelligence，2009，31(8)：1444-1457.

[55] Lu Y，Behar E，Donnelly S，et al. Fast and robust generation of city-scale seamless 3D urban models[J]. Computer-Aided Design，2011，43 (11)：1380-1390.

[56] Maas H. Closed solutions for the determination of parametric building models from invariant moments of airborne laserscanner data [J]. International Archives of Photogrammetry and Remote Sensing，1999，32(3)：193-199.

[57] Mayunga S D，Coleman D J，Zhang Y. A semi-automated approach for extracting buildings from QuickBird imagery applied to informal settlement mapping[J]. International Journal of Remote Sensing，2007，28(10)：2343-2357.

[58] Müller P，Vereenooghe T，Wonka P，et al. Procedural 3D Reconstruction of Puuc Buildings in Xkipché[C]// Eurographics Association. The 7th International Symposium on Virtual Reality，Archaeology and Intelligent Cultural Heritage. Nicosia，Cyprus，2006.

[59] Müller P，Wonka P，Haegler S，et al. Procedural modeling of buildings [J]. ACM Trans. Graph.，2006(25)：614-623.

[60] Müller P，Zeng G，Wonka P，et al. Image-based procedural modeling of facades[J]. ACM Trans. Graph.，2007(26).

[61] Nagao M，Matsuyama T. A structural analysis of complex aerial photographs[M]. New York：Plenum，1980：199.

[62] Nagy D. Towards a Parametric Planning[EB/OL]. http://danilnagy. dreamstudionyc. com/index. php？/writing/towards-a-parametric-planning/.

[63] Noronha S，Nevatia R. Detection and Modeling of Buildings from Multiple Aerial Images[J]. IEEE Transactions on Pattern Analysis and Machine Intelligence，2001(23)：501-518.

[64] Parish Y I H，Müller P. Procedural modeling of cities[C]. 2001.

[65] Park S M，Elnimeiri M，Sharpe D C，et al. Tall Building Form Generation by Parametric Design Process[C]. 2004.

[66] Pompidou. 美国最普通住宅的建造过程[EB/OL]. http://bbs. tianya. cn/post-house-199585-1. shtml.

[67] Porway J，Wang K，Zhu S C. A hierarchical and contextual model for

aerial image understanding［J］. International Journal Of Computer Vision，2010，88(2)：254-283.

［68］Preiss B R. Data structures and algorithms with object-oriented design patterns in C＋＋［M］. New York，USA：John Wiley & Sons，Inc，1999.

［69］Rotenberg S. Procedural Modeling［M/OL］. 2004. http：//pisa. ucsd. edu/cse125/2004/lectures/procedural. pef.

［70］Rottensteiner F，Briese C. Automatic Generation of Building Models from Lidar Data and the Integration of Aerial Images［C］. Beijing，2003.

［71］Rottensteiner F，Trinder J，Clode S，et al. Building detection by fusion of airborne laser scanner data and multi-spectral images：Performance evaluation and sensitivity analysis［J］. ISPRS Journal of Photogrammetry and Remote Sensing，2007，62(2)：135-149.

［72］Rout S，Srivastava S P，Majumdar J. Multi modal Image Segmentation Using a Modified Hopfield Neural Network［J］. Pattern Recognition，1998，31(6)：743-750.

［73］Sahin C，Alkis A，Ergun B，et al. Producing 3D city model with the combined photogrammetric and laser scanner data in the example of Taksim Cumhuriyet square［J］. Optics and Lasers in Engineering，2012，50(12)：1844-1853.

［74］Sandor B T，Metcalf D，Young-Jo K. Segmentation of brain CT image using the concept of region growing［J］. International Journal of Bio-Medical Computing，1991，29(2)：133-147.

［75］Sarfraz M，Khan M A. An automatic algorithm for approximating boundary of bitmap characters［J］. Future Generation Computer SystemsComputer Graphics and Geometric Modeling，2004，20（8）：1327-1336.

［76］Schnabel M A，Karakiewicz J. Rethinking Parameters in Urban Design［J］. International Journal of Architectural Computing，2007，5（1）：84-98.

［77］Schumacher P. The Parametricist Epoch：Let the Style Wars Begin［J］. The Architects' Journal，2010，231(16).

［78］Scut Wangxun. 参数化建模［EB/OL］. http：//baike. baidu. comview4692993. htm.

［79］ Shibasaki R，Takuma A，Zhao H，et al. A mobile user interface for 3D spatial database based on the fusion of live landscape imagery［C］. 1998.

［80］ Silva R C，Amorim L M E. Parametric urbanism：emergence，limits and perspectives of a new trend in urban design based on parametric design systems［J］. 2010(3).

［81］ Smelik R M，De Kraker K J，Groenewegen S A，et al. A Survey of Procedural Methods for Terrain Modelling［C］. 2009.

［82］ Sohn G，Dowman I. Data fusion of high-resolution satellite imagery and LiDAR data for automatic building extraction［J］. ISPRS Journal of Photogrammetry and Remote Sensing，2007，62(1)：43-63.

［83］ Song Z，Pan C，Yang Q. A Region-Based Approach to Building Detection in Densely Build-Up High Resolution Satellite Image ［C］. 2006.

［84］ Stoney W E. ASPRS GUIDE TO LAND IMAGING SATELLITES［EB/ OL］. http：//www. asprs. org/Satellite-Information/Guides-to-Land-Imaging-Satellites-Historic. html.

［85］ Sun J，Baciu G，Yu X B，et al. Image-Based Template Generation of Road Networks for Virtual Maps［J］. International Journal of Image and Graphics，2004，4(4)：701-720.

［86］ Sun J，Yu X B，Baciu G，et al. Template-based generation of road networks for virtual city modeling［C］. 2002.

［87］ Suveg I，Vosselman G. Automatic 3D building reconstruction ［C］. 2002.

［88］ Takase Y，Sho N，Sone A，et al. Automatic Generation of 3D City Models and Related Applications［C］. 2003.

［89］ Tang M，Anderson J. Information Urbanism：Parametric urbanism in junction with GIS data processing & fabrication［C］. 2011.

［90］ Tavakoli M，Rosenfeld A. Edge segment linking based on gray level and geometrical compatibilities［J］. Pattern Recognition，1982，15(5)：369-377.

［91］ Tong L，Yang H，Yang R，et al. Automatic analysis and integration of architectural drawings［J］. International Journal of Document Analysis and Recognition (IJDAR)，2007，9(1)：31-47.

［92］ Tournaire O，Brédif M，Boldo D，et al. An efficient stochastic approach for building footprint extraction from digital elevation models [J]. ISPRS Journal of Photogrammetry and Remote Sensing，2010，65（4）：317-327.

[93] Tremeau A，Borel N. A region growing and merging algorithm to color segmentation[J]. Pattern Recognition，1997，30(7)：1191-1203.

[94] Van den Heuvel F A. Reconstruction from a single architectural image from the Meydenbauer archives[C]. 2001.

[95] Vilarino D L，Brea V M，Cabello D. Discrete time CNN for image segmentation by active contours[J]. Pattern Recognition Letters，1998，19(8)：721-734.

[96] Vosselman G，Dijkman S. 3D Building Model Reconstruction from Point Clouds and Ground Plans[C]. 2001.

[97] Walter E，Pronzato L. Identification of parametric models from experimental data[M]. Springer，1997.

[98] Wang Y，Adali T，Kung S Y. Quantification and segmentation of brain tissues from MR images a probabilistic neural network approach[J]. IEEE Transactions on image processing，1998，7(8).

[99] Watson B，Muller P，Wonka P，et al. Urban Design and Procedural Modeling[C]. 2007.

[100] Watson B，Muller P，Wonka P，et al. Procedural Urban Modeling in Practice[J]. Computer Graphics and Applications，IEEE，2008，28(3)：18-26.

[101] Weber B，Müller P，Wonka P，et al. Interactive Geometric S imulation of 4D Cities[C]. Munich，Germany：The Eurographics Association and Blackwell Publishing，2009.

[102] Wei Y，Zhao Z，Song J. Urban building extraction from high-resolution satellite panchromatic image using clustering and edge detection[C]. 2004.

[103] Wonka P，Hanson E，Muller P，et al. Procedural modeling of urban environments[C]. 2006.

[104] Wonka P，Wimmer M，Sillion F C C O，et al. Instant Architecture[J]. ACM Transactions on Graphics，2003，22(4)：669-677.

[105] Wu S T，Marquez M R G. A non-self-intersection Douglas-Peucker algorithm[C]. 2003.

[106] Wu X. Adaptive split-and-merge segmentation based on piecewise least-square approximation[J]. Pattern Analysis and Machine Intelligence，IEEE Transactions on，1993，15(8)：808-815.

[107] Yenerim D，Yan W. BIM-Based Parametric Modeling：A Case Study [C]. 2011.

[108] Yu H S. Parametric Architecture：Performative/Responsive assembly components [D]. Cambridge： Massachusetts Institute of Technology，2009.

[109] Zhang K，Yan J， Chen S. Automatic Construction of Building Footprints From Airborne LIDAR Data[J]. IEEE Transactions on Geoscience and Remote Sensing，2006，44(9)：2523-2533.

[110] 曹健. 图像目标的表示与识别[M]. 北京：机械工业出版社，2012.

[111] 曾齐红. 机载激光雷达点云数据处理与建筑物三维重建[D]. 上海：上海大学，2009.

[112] 柴树杉. DXF库(dxflib)使用指南[EB/OL]. http：//chaishushan. blog. 163. comblogstatic/13019289720091155185160/.

[113] 常歌，黄野. 基于CSG构件分析的建筑物模型提取方法[J]. 武汉测绘科技大学学报，2000，25(6)：520-524.

[114] 陈磊，赵书河. 基于开源类库OGR的空间数据互操作研究[C]// 2008.

[115] 陈秋晓. 高分辨率遥感影像分割方法研究[D]. 北京：中国科学院，2004.

[116] 陈秋晓，陈述彭，周成虎. 基于局域同质性梯度的遥感图像分割方法及其评价[J]. 遥感学报，2006，10(3)：357-365.

[117] 陈仁喜，赵忠明，潘晶. 遥感分类栅格图的快速矢量化方法[J]. 遥感学报，2006(3)：326-331.

[118] 陈勇，黄波. 矢量、栅格相互转换的新方法[J]. 遥感技术与应用，1995，10(3)：61-65.

[119] 陈勇，唐敏，童若锋，等. 基于遗传模拟退火算法的不规则多边形排样[J]. 计算机辅助设计与图形学学报，2003，15(5)：598-609.

[120] 丁宁，王倩，陈明九. 基于三维激光扫描技术的古建保护分析与展望[J]. 山东建筑大学学报，2010，25(3)：274-276，284.

[121] 董玉森，詹云军，杨树文. 利用高分辨率遥感图像阴影信息提取建筑物高度[J]. 咸宁师专学报，2002，22(3)：93-96.

[122] 段志彪，何耀帮. 悬高测量法在检测建筑物高度中的应用[J]. 华北水利水电学院学报，2007，28(1)：40-42.

［123］付斌．基于活动轮廓模型的目标分割与跟踪的研究［D］，哈尔滨：哈尔滨工业大学，2006．

［124］傅慧灵．地图数字化中矢量数据压缩算法研究［D］．太原：太原理工大学，2005．

［125］龚健雅．三维虚拟地球技术发展与应用［J］．地理信息世界，2011，9（2）：15-17．

［126］郭平．AutoCAD 中的"属性块"及其应用［J］．电子设计工程，2011，19（6）：30-32．

［127］何国金，陈刚，何晓云，等．利用 SPOT 图象阴影提取城市建筑物高度及其分布信息［J］．中国图象图形学报 A 辑，2001，6（5）：425-428．

［128］何涵晞．参数化城市设计——建筑信息模型在大规模城市设计的推广、案例与展望［EB/OL］．http：//www．abbs．com．cnat＋d2011/06/138-141．pdf．

［129］侯蕾，尹东，尤晓建．一种遥感图像中建筑物的自动提取方法［J］．计算机仿真，2006，23（4）：184-187，224．

［130］胡春，张钧，田金文．城区三维景观重建中的建筑物提取［J］．华中科技大学学报（自然科学版），2004，32（7）：43-45．

［131］胡长鹏，张巨俭，刘瑞璞．基于 VLISP 和 OpenDCL 的西装智能 CAD 系统的实现［J］．天津工业大学学报，2010，29（5）：33-36．

［132］黄磊．基于图像序列的三维虚拟城市重建关键技术研究［D］．青岛：中国海洋大学，2008．

［133］贾坤，李强子，田亦陈，等．遥感影像分类方法研究进展［J］．光谱学与光谱分析，2011，31（10）：2618-2623．

［134］兰度．AutoCAD 可视化对话框开发工具 OpenDCL 使用简介［J］．城市勘测，2009（6）：87-89，92．

［135］雷友开，邱玉辉．基于自适应粒子群算法的约束布局优化研究［J］．计算机研究与发展，2006，43（10）：1724-1731．

［136］李芳珍，许伦辉．DXF 文件格式及其外部接口的研究［J］．兵工自动化，2008，27（7）：83-85．

［137］李海月，王宏琦，陆见微，等．遥感图像中建筑物自动识别与标绘方法研究［J］．电子测量技术，2007，30（2）：15-20．

［138］李洪艳，曹建荣，谈文婷，等．图像分割技术综述［J］．山东建筑大学学报，2010，25（1）：85-89，93．

［139］李锦业，张磊，吴炳方，等．基于高分辨率遥感影像的城市建筑密度和容

积率提取方法研究[J]. 遥感技术与应用，2007，22(3)：309-313.

[140] 李伟青. 建筑构件智能识别方法研究[J]. 浙江大学学报（理学版），2005，32(4)：392-398.

[141] 李占才，刘春燕. 点阵图形矢量化的高效方法——有向边界法[J]. 计算机应用与软件，1997，14(3)：48-51.

[142] 林辉. 基于多特征的高分辨率遥感图像分类技术研究[D]. 长沙：中南林学院，中南林业科技大学，2005.

[143] 林瑶，田捷. 医学图像分割方法综述[J]. 模式识别与人工智能，2002，15(2)：192-204.

[144] 刘传亮，陆建德. AutoCAD DXF 文件格式与二次开发图形软件编程[J]. 微机发展，2004，14(9)：101-104.

[145] 刘春，李楠，吴杭彬等. 机载激光扫描中复杂建筑物轮廓线平差提取模型[J]. 同济大学学报（自然科学版），2012，40(9)：1399-1405.

[146] 刘锋，张继贤，李海涛. SHP 文件格式的研究与应用[J]. 测绘科学，2006，31(6)：116-117.

[147] 刘华，华炜，周栋等. 语义规则驱动的中国古代建筑造型[J]. 计算机辅助设计与图形学学报，2004，16(10)：1335-1340.

[148] 刘建聪. 森林资源矢量数据边界优化算法研究与应用[D]. 长沙：中南林业科技大学，2011.

[149] 刘可晶. 一种改进的矢量曲线数据压缩算法[J]. 甘肃科学学报，2005，17(3)：112-115.

[150] 刘龙飞，牟伶俐，王兴玲等. 利用阴影计算建筑物高度的模型比较分析[J]. 世界科技研究与发展，2010，32(1)：39-42.

[151] 刘露. 全球海量遥感影像数据的分布式管理技术研究[D]. 长沙：国防科学技术大学，2007.

[152] 龙文志. 建筑业应尽快推行建筑信息模型（BIM）技术[J]. 建筑技术，2011，42(1)：9-14.

[153] 陆丽珍，刘仁义，刘南. 一种融合颜色和纹理特征的遥感图像检索方法[J]. 中国图象图形学报，2004，9(3)：328-333.

[154] 陆再林，张树有，谭建荣，等. 基于工程特征类的预算工程量自适应提取方法研究[J]. 计算机辅助设计与图形学学报，2001，13(12)：1101-1105.

[155] 骆剑承，周成虎，沈占锋，等. 遥感信息图谱计算的理论方法研究[J]. 地球信息科学学报，2009，11(5)：664-669.

[156] 梅雪良. 航空影像中规则房屋三维形体的自动重建[D]. 长沙：武汉测绘科技大学,武汉大学，1997.

[157] 孟祥旭,徐延宁. 参数化设计研究[J]. 计算机辅助设计与图形学学报，2002，14(11)：1086-1090.

[158] 明冬萍,骆剑承,沈占锋,等. 高分辨率遥感影像信息提取与目标识别技术研究[J]. 测绘科学，2005，30(3)：18-20.

[159] 冉琼,迟耀斌,王智勇,等. 基于"北京一号"小卫星影像阴影的建筑物高度测算研究[J]. 遥感信息，2008(4)：18-21.

[160] 任自珍,岑敏仪,张同刚,等. LiDAR 数据中建筑物提取的新方法-Fc-S法[J]. 测绘科学，2010，35(6)：134-136，141.

[161] 阮秋琦. 数字图像处理学[M]. 北京：电子工业出版社，2001.

[162] 萨师炬,王珊. 数据库系统概论[G]. 北京：高等教育出版社，2004.

[163] 邵巨良. 小波理论——影像分析与目标识别[M]. 武义：武汉测绘科技大学出版社，1993.

[164] 邵振峰. 基于航空立体影像对的人工目标三维提取与重建[D]. 武汉：武汉大学，2004.

[165] 沈蔚,李京,陈云浩,等. 基于 LIDAR 数据的建筑轮廓线提取及规则化算法研究[J]. 遥感学报，2008，12(5)：692-698.

[166] 沈文. "参数化主义"的崛起——新建筑时代的到来[J]. 城市环境设计，2010(8)：194-199.

[167] 沈掌泉,王人潮. 基于拓扑关系原理的栅格转换矢量方法的研究[J]. 遥感学报，1999，3(1)：38-42.

[168] 宋世军,石来德,乔彩凤. 运动人体图像分割算法研究[J]. 中国工程机械学报，2007，7(5)：16-21.

[169] 孙善芳. 从航空影像提取城区表面信息[D]. 武汉：武汉测绘科技大学,武汉大学，1994.

[170] 谭衢霖,王今飞. 结合高分辨率多光谱影像和 LiDAR 数据提取城区建筑[J]. 应用基础与工程科学学报，2011，19(5)：741-748.

[171] 唐亮. 城市航空影像关键地物提取技术研究[D]. 武汉：西安电子科技大学，2004.

[172] 唐亮,谢维信,黄建军,等. 从航空影像中自动提取高层建筑物[J]. 计算机学报，2005，28(7)：1199-1204.

[173] 陶闯. 从大比例尺黑白航空影象提取地物信息——一种基于人机协同的目标导引技术[D]. 武汉：武汉测绘科技大学,武汉大学，1993.

［174］陶金花，苏林，李树楷. 一种从激光雷达点云中提取建筑物模型的方法［J］. 红外与激光工程，2009，38(2)：340-345.

［175］陶文兵，柳健，田金文. 一种新型的航空图像城区建筑物自动提取方法［J］. 计算机学报，2003，26(7)：866-873.

［176］田新光，张继贤，张永红. 利用 QuickBird 影像的阴影提取建筑物高度［J］. 测绘科学，2008，33(2)：88-89，77.

［177］宛延闿. 工程数据库系统［G］. 北京：清华大学出版社，1999.

［178］万剑华. 城市 3 维地理信息系统的建模研究［D］. 武汉：武汉大学，2001.

［179］王爱民，沈兰荪. 图像分割研究综述［J］. 测控技术，2000，19(5)：1-7.

［180］王继周，李成名. 城市景观三维模型库的原理、构建及应用［J］. 测绘科学，2007，32(4)：20-22.

［181］王家耀，宁津生，张祖勋. 中国数字城市建设方案及推进战略研究［M］. 北京：科学出版社，2008.

［182］王健，靳奉祥，李云岭，等. 三维激光扫描技术在城市三维数字景观建模中的应用［C］. 南京：，2008.

［183］王俊，朱利. 基于图像匹配—点云融合的建筑物立面三维重建［J］. 计算机学报，2012，35(10)：2072-2079.

［184］王丽英. 城市环境的过程式建模技术研究［D］. 杭州：浙江大学，2009.

［185］王伟，黄雯雯，镇姣. Pictometry 倾斜摄影技术及其在 3 维城市建模中的应用［J］. 测绘与空间地理信息，2011，34(3)：181-183.

［186］王永会，王勇勇，王守金. 基于 TIN 和 CSG 的三维城市建模方法［J］. 沈阳建筑大学学报(自然科学版)，2012，28(3)：563-568.

［187］翁姝. 区域建筑物三维重建技术与实现［D］. 武汉：华中师范大学，2011.

［188］吴慧欣，薛惠锋，邢书宝. 限定 TIN 与 CSG 集成仿真模型生成算法研究［J］. 计算机应用，2007，27(2)：475-478.

［189］吴晶晶. "十二五"期间我国全部地级市将建成数字城市［EB/OL］. http://www.gov.cnjrzg2012-09/10/content_2221342.htm.

［190］吴静，靳奉祥，王健. 基于三维激光扫描数据的建筑物三维建模［J］. 测绘工程，2007，16(5)：57-60.

［191］吴军. 3 维城市建模中的建筑墙面纹理快速重建研究［J］. 测绘学报，2005，34(4)：317-323.

［192］吴秦. STL 之 Map［EB/OL］. http://www.cnblogs.com/skynet/

archive-06/18/1760518. html.

[193] 夏春林，王佳奇. 3DGIS 中建筑物三维建模技术综述[J]. 测绘科学，2011，36(1)：70-72.

[194] 谢军飞，李延明. 利用 IKONOS 卫星图像阴影提取城市建筑物高度信息[J]. 国土资源遥感，2004(4)：4-6.

[195] 谢顺平，都金康，王结臣. 实现栅格图形和图像数据矢量化提取的游程轮廓追踪法[J]. 遥感学报，2004，8(5)：465-470.

[196] 谢亦才，李岩. Douglas-Peucker 算法在无拓扑矢量数据压缩中的改进[J]. 计算机工程与应用，2009，45(32)：189-192.

[197] 辛大永. 建设工程竣工验收建筑高度测量几点问题的探讨[J]. 黑龙江科技信息，2010(6)：260.

[198] 徐丰. 参数化城市主义——一个理解城市的新的角度[J]. 城市建筑，2010(6)：47-50.

[199] 徐丰，金亚秋. 多方位高分辨率 SAR 的三维目标自动重建(二)多方位重建[J]. 电波科学学报，2008，23(1)：23-33.

[200] 徐明霞. 三维城市景观建模技术在小区规划中的应用[D]. 西安：长安大学，2006.

[201] 薛强，张志强，孙济渊. 一种用于建筑物场景重建的方法[J]. 计算机工程，2004，30(6)：179-181.

[202] 杨得志，王杰臣，闾国年. 矢量数据压缩的 Douglas-Peucker 算法的实现与改进[J]. 测绘通报，2002(7)：18-19.

[203] 杨建宇，杨崇俊，明冬萍，等. WebGIS 系统中矢量数据的压缩与化简方法综述[J]. 计算机工程与应用，2004，40(32)：36-38，92.

[204] 杨长江，陈冲. 再论建筑物高度的测量方法[J]. 测绘通报，2005(8)：47-48.

[205] 叶齐祥，高文，王伟强，等. 一种融合颜色和空间信息的彩色图像分割算法[J]. 软件学报，2004(4)：522-530.

[206] 尹平，王润生. 基于边缘信息的分开合并图像分割算法[J]. 中国图象图形学报，1998，3A(6)：450-454.

[207] 尤红建. 激光三维遥感数据处理及建筑物重建[M]. 北京：测绘出版社，2006.

[208] 游亚鹏，杨剑雷. "参数化实现"设计的一个建筑实例杭州奥体中心体育游泳馆[J]. 城市环境设计，2012(4)：240-251.

[209] 虞自奋. 属性块在工程图形中的研究与应用[J]. 天津冶金，2008(3)：

28-30.

[210] 袁晓辉，金立左，李久贤，等. 基于兴趣区检测与分析的水上桥梁识别[J]. 红外与毫米波学报，2003，22(5)：331-336.

[211] 张桂芳，单新建，尹京苑，等. 单幅高空间分辨率卫星图像提取建筑物三维信息的方法研究[J]. 地震地质，2007，29(1)：180-187.

[212] 张昊. LIDAR 建筑物提取方法研究[D]. 天津：中国民航大学，2007.

[213] 张卡，盛业华，李永强，等. 基于数字近景立体摄影的三维表面模型构建[J]. 数据采集与处理，2007，22(3)：309-314.

[214] 张鹏，李伟，胡诚轶. 城市高层建筑物高度的检测方法之一———悬高测量法[J]. 科技信息(学术版)，2008(12)：269-272.

[215] 张平，王文伟，吴丽芸. 基于均匀性图分水岭变换及两步区域合并的彩色图像分割[J]. 计算机应用，2006(6)：1378-1380.

[216] 张莎莎. 图像分割与运动目标跟踪算法研究[D]，哈尔滨：哈尔滨工业大学，2006.

[217] 张树有，彭群生，谭建荣. 基于空间基坐标的尺寸可标注性判别研究[J]. 计算机学报，2000，23(9)：982-986.

[218] 张颖，吴成东，原宝龙. 机器人路径规划方法综述[J]. 控制工程，2003，10 增刊：152-154.

[219] 张煜，张祖勋，张剑清. 几何约束与影像分割相结合的快速半自动房屋提取[J]. 武汉测绘科技大学学报，2000，25(3)：238-242.

[220] 章孝灿，潘云鹤. GIS 中基于"栅格技术"的栅格数据矢量化技术[J]. 计算机辅助设计与图形学学报，2001，13(10)：895-900.

[221] 章毓晋. 图像分割[M]. 北京：科学出版社，2001.

[222] 赵斌. 高层建筑施工 GPS 测量技术分析[J]. 科技资讯，2010(19)：93.

[223] 赵锦艳. 建筑图重建技术及其模型信息提取方法的研究[J]. 湖南工业大学学报，2009，23(4)：41-44.

[224] 赵锦艳，刘任任，王兆其等. 一种基于抽象语义识别的交互式三维建筑物重建系统[C]. 北京：，2007.

[225] 赵俊娟，尹京苑，单新建. 基于高分辨率卫星影像的建筑物轮廓矢量化技术[J]. 防灾减灾工程学报，2004，24(2)：153-157.

[226] 周俊，晏非，孙曼. 基于区域分割合并的建筑物半自动提取方法[J]. 海洋测绘，2005，25(1)：58-60.

[227] 周亚男，沈占锋，骆剑承，等. 阴影辅助下的面向对象城市建筑物提取[J]. 地理与地理信息科学，2010，26(3)：37-40.

［228］朱国敏，马照亭，孙隆祥，等. 城市三维地理信息系统中三维模型的快速
构建方法［J］. 地理与地理信息科学，2007，23（4）：29-32，40.

［229］左建章，关艳玲，朱强. 大范围三维城市立体景观建模系统的研究［J］.
测绘科学，2005，30（2）：22-24.

附录 1　DCA 算法的证明过程

　　附图 1(a)显示了某边界在 DCA 压缩过程中某一时刻的状态，$A,B,C,D,$ Z 为线性矢量边界上的 5 个连续节点，G 为辅助线 AC 和 BD 的交点。现假设该状态下的最小删除代价为 delcost(B)，则当节点 B 被删除后(如附图 1(b)所示)会出现两种情况：①最小删除代价出现在与节点 B 不相邻的节点上，如节点 Z；②最小删除代价出现在与节点 B 相邻的 A' 或 C' 上。

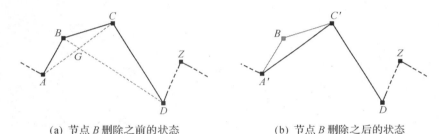

(a) 节点 B 删除之前的状态　　　　　　(b) 节点 B 删除之后的状态

附图 1　节点 B 删除过程示意

　　对于第一种情况，由已知条件可知 delcost(Z)≥delcost(B)，因此在这种情况下最小删除代价可保证始终递增。而对于第二种情况，下面的数学证明揭示了相邻节点 A' 或 C' 的新删除代价也始终大于 delcost(B)(相对于 B 而言，$A,$ C 本质相同，因此只需证明其一，如 delcost(C')≥delcost(B))：

　　因为，在 B 被删除之前，由已知条件已知 delcost(B)≤delcost(C)

　　所以，可得到 $d(A,B)+d(B,C)-d(A,C) \leqslant d(B,C)+d(C,D)-d(B,D)$

即 $d(A,B)+d(B,D) \leqslant d(A,C)+d(C,D)$

　　所以，在上式两边各减去 $d(A,D)$，可得到

$d(A,B)+d(B,D)-d(A,D) \leqslant d(A,C)+d(C,D)-d(A,D) = $ delcost(C')

即 delcost(C')≥$d(A,B)+d(B,D)-d(A,D)$

　　因为，在上式两边各减去 delcost(B)得到

delcost(C')−delcost(B)≥

$[d(A,B)+d(B,D)-d(A,D)]-[d(A,B)+d(B,C)-d(A,C)]$

所以 $\left[d(A,B) + d(B,D) - d(A,D)\right] - \left[d(A,B) + d(B,C) - d(A,C)\right]$

$\qquad = d(A,C) + d(B,D) - d(A,D) - d(B,C)$

$\qquad = d(A,G) + d(G,C) + d(B,G) + d(G,D) - d(A,D) - d(B,C)$

$\qquad = \left[d(A,G) + d(G,D) - d(A,D)\right] + \left[d(G,C) + d(B,G) - d(B,C)\right]$

所以，由三角形三边关系易知

$\left[d(A,G) + d(G,D) - d(A,D)\right] + \left[d(G,C) + d(B,G) - d(B,C)\right] \geqslant 0$

∴ 综上可得

$\mathrm{delcost}(C') - \mathrm{delcost}(B) \geqslant$

$\left[d(A,B) + d(B,D) - d(A,D)\right] - \left[d(A,B) + d(B,C) - d(A,C)\right] \geqslant 0$

即得到结论 $\mathrm{delcost}(C') \geqslant del\,\mathrm{cost}(B)$，证明完毕。

附录 2　3DRS 系统中本书方法的实现模块

附录 2.1　CBRS 子系统中的实现模块

笔者在 CBRS 子系统中整合本书所述方法，开发了一系列专门针对城市建筑群目标识别的功能模块，主要包括多尺度区域合并分割模块、建筑边界优化模块、图面距离测量和建筑指标复制工具、建筑群指标计算模块、建筑群坐标修正模块和 SHP-DXF 格式转换模块。

1. 多尺度区域合并分割模块

多尺度区域合并分割模块（见附图 2）整合了第 4 章"面向对象的多尺度区域合并分割方法"和"基于量化合并代价的快速区域合并分割方法"。主要涉及分割尺度、量化级别两个参数。分割尺度是指允许的最大区域相异度指标，作为程序判断区域合并是否需要停止的依据。分割尺度越大，则合并越充分，区域的平均面积就越大。量化级别用来控制合并代价量化公式［Cost/Interval］中的代价间距 Interval，其公式为 Interval＝10^N，这里的 N 即是量化级别数。量化级别越小，则代价间距越小，合并代价分类数量越多，分割精度越高。

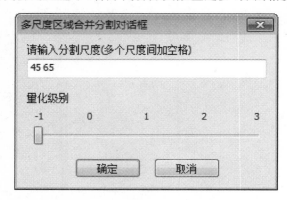

附图 2　多尺度区域合并分割模块

2. 建筑群边界优化模块

建筑群边界优化模块(见附图 3)综合了第 5 章中所述的"基于删除代价的矢量图形单层次优化方法"、"面向遥感影像矢量化图形的多层次优化方法"和"面向建筑群的矩形拟合优化方法",提供了四个可任意组合的步骤(包括边界平滑、单层次优化、多层次优化、纳入直连点)和三个参数设置框。

附图 3　建筑边界优化模块

3. 图面距离测量和建筑指标复制工具

图面距离测量工具用于获取图面上两点的距离,一般用于测量建筑立面或阴影的长度。具体操作方式为:①先选中一个建筑屋顶基元,作为要测量的对象;②点击图面距离测量工具图标,进入距离测量模式;③用鼠标左键依次在建筑立面或者阴影两个对应点上单击;④程序自动计算出两点的图面距离,并将数值存入当前选中建筑屋顶基元的内部字段中。

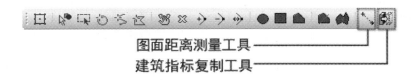

附图 4　图面距离测量工具和建筑指标复制工具

建筑指标复制工具用于将一个建筑屋顶基元的内部所有字段数值,复制给另一个建筑屋顶基元,以避免对同类建筑的重复操作。具体操作方式为:①先选中一个建筑屋顶基元,作为要被复制的对象;②点击建筑指标复制工具图标,进入指标复制模式;③用鼠标依次单击选择要复制的建筑屋顶基元,每选择一个基元,就会将被复制对象的所有指标数值复制给该基元;④完成同类建筑复制后,再次单击建筑指标复制工具图标,退出指标复制模式。

4.建筑群指标计算模块

建筑群指标计算模块(见附图5)整合了第6章所述的"基于扩展统计模型的建筑群高度提取方法"和"城市建筑群层数估算模型",用于快速、批量计算各建筑屋顶基元的实际高度、层数等指标。所涉及的高度比例系数、住宅平均层高、商服平均层高这三个参数数值,由选定样本的相关数据获得,而住宅STYLE、商服STYLE数值参数用于识别各个基元的不同建筑类型。

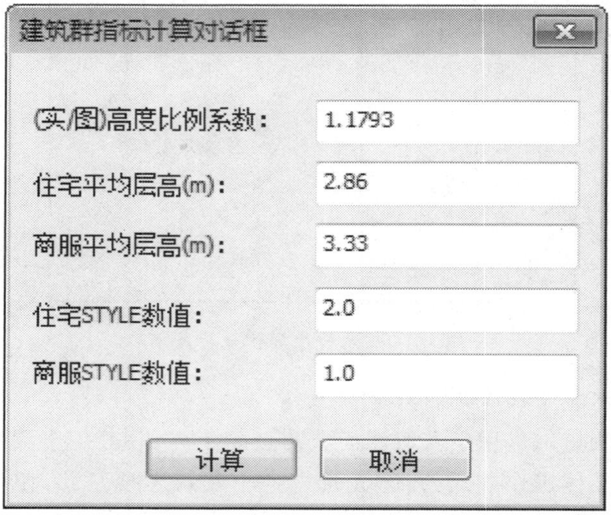

附图5 建筑指标计算模块

5.建筑群坐标修正模块

建筑群坐标修正模块(见附图6)是基于第6章所述的"针对侧向航拍影像的建筑群坐标修正方法"而开发的,用于快速、批量地实现建筑屋顶基元的坐标修正。考虑到式(8.1)和式(8.2)中的 K 可能出现正无穷和负无穷的情况,因此这里并不是用 K 作参数,而是用代表 $-\dfrac{1}{\sqrt{1+K^2}}$ 和 $-\dfrac{K}{\sqrt{1+K^2}}$ (注意前面带负号)的横坐标偏移系数和纵坐标偏移系数代替。

6.SHP-DXF 格式转换模块

SHP-DXF 格式转换模块(见附图7)用于将 CBRS 子系统中的 SHP 格式矢量建筑轮廓转换成 DXF 格式矢量图元,并将 SHP 格式中的所有字段数据以 XData 扩展实体数据的形式写入 DXF 图元。

附图 6　建筑群坐标修正模块

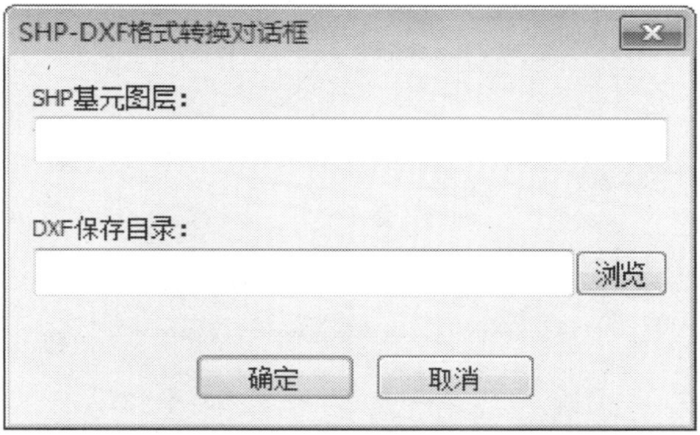

附图 7　SHP-DXF 格式转换模块

附录 2.2　CityUp 子系统中的实现模块

同样,在 CityUp 子系统中笔者也整合本书所述各类方法,开发了一系列专门针对城市建筑群参数化建模的功能模块和子模块,主要包括参数管理模块、服务网站风格库管理子模块、服务网站项目库管理子模块、自动化建模脚本、DXF2SHP 文件格式自动转换子模块。

1. 参数管理模块

参数管理模块(见附图 8)内嵌于 AutoCAD 平台内,模块界采用 OpenDCL 工具设计,内部程序采用 VLisp 语言开发。它集参数图元关联、参数组织管理、属性块恢复与管理、属性定义文件管理、线面检测等多种功能于一体，利用计算机程序代替复杂耗时的手动操作，大大提高了参数管理的效率。

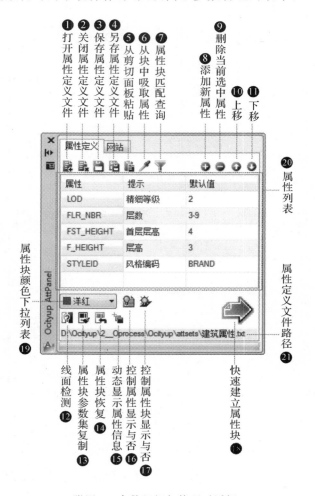

附图8 参数组织与管理对话框

2.服务网站风格库管理子模块

风格库管理子模块是服务网站模块的一个组成部分。它分用户模式和管理者模式两种情况。在用户模式下，可以搜索、查看模块内所有风格的概况（见附图9）和详细信息（见附图10），可以将喜欢的风格收藏入"我的风格库"中，而且能够将风格属性表中的内容复制到系统剪切面板中或者另存为一个 TXT 文件，以便于快速导入参数管理模块。而在管理者模式下，除了可以搜索、查看外，还可以创建、编辑和删除风格。

附图 9　风格库管理子模块的搜索页面

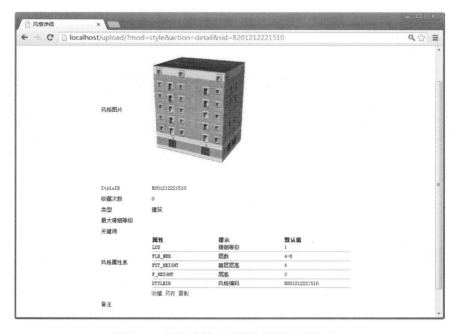

附图 10　风格库管理子模块的详细风格页面

235

3.服务网站项目库管理子模块

用户模式下的项目库管理子模块包含项目上传（见附图 11）、项目管理（见附图 12）等功能。项目上传页面的后台程序会自动为上传的文件打包、赋予项目编号，并归入待处理项目中。在项目管理页面中，可以查看"待处理"、"处理中"、"已完成"、"已暂停"四种不同状态的项目情况，"处理中项目"会实时更新当前项目处理的百分比。在"已完成项目"中可以下载到最终生成的城市建筑群三维模型。

附图 11　用户模式下的项目上传页面

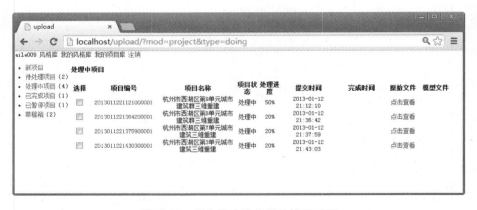

附图 12　用户模式下的项目管理页面

管理者模式下的项目管理子模块用于管理所有用户上传的项目（见附图13），包括项目状态的切换、项目处理进度的更新、项目原始文件的下载和最终三维模型文件的上传等功能。

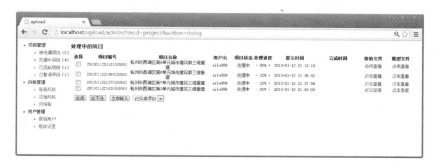

附图 13　管理者模式下的项目管理页面

4. 自动化建模脚本

自动化建模脚本(见附图 14)是整个自动建模模块的驱动器,它内嵌于 CityEngine 平台,负责项目文件整理、调用外部 DXF2SHP 程序完成文件格式转换、清理工程、导入 SHP 文件、从规则库中调用文法规则、创建三维模型、导出并上传模型文件等一系列任务,可以说整个自动建模模块内部的所有事务都由该脚本来协调统筹。

附图 14　自动化建模脚本

该脚本所涉及的技术方法涵盖了本书第 7.5 节所述的"DXF-SHP 文件格式自动转换"、"规则库调用、传递机制"及脚本自身设计等多个方面。

5. DXF2SHP 文件格式自动转换子模块

DXF2SHP 文件格式自动转换子模块(见附图 15)是笔者在 Visual Studio. net 2008 平台下开发的一款独立软件。该软件集成了本书第 7.5.1 小节所述的"DXF-SHP 文件格式自动转换方法"。其特点在于不仅能够转换格式,而且能够将属性块中的属性信息按照一定的规则写入 SHP 的相关字段中。该软件被安置在 CityUp 子系统中,可以被自动化建模脚本以 Shell 命令的方式调用,同时也可以通过录入 DXF 文件目录和 SHP 输出目录这两个参数来手动执行。

附图 15　DXF2SHP 软件界面

附录3 1～8单元城市建筑群三维重建实验记录

附录 3.1 第 1 单元实验记录

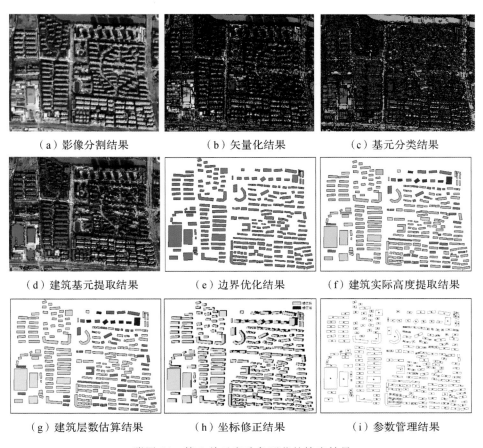

（a）影像分割结果　　　　（b）矢量化结果　　　　（c）基元分类结果

（d）建筑基元提取结果　　（e）边界优化结果　　　（f）建筑实际高度提取结果

（g）建筑层数估算结果　　（h）坐标修正结果　　　（i）参数管理结果

附图 16　第 1 单元实验各环节的输出结果

附表 1　第 1 单元实验各环节时耗记录表

	影像分割	矢量化	基元分类	基元提取	边界优化	高度提取	层数估算	坐标修正	参数管理	自动建模	合计时耗
时耗（min）	2	3	9	2	3	8	6	3	10	5	51

（注：初始基元总数 7614 个，提取且合并后的建筑基元数量 264 个）

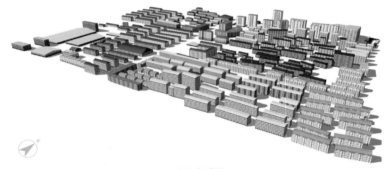

（a）鸟瞰图1

（b）鸟瞰图2

（c）南立面（垂直高度放大2倍）

（d）西立面（垂直高度放大2倍）

附图 17　第 1 单元建筑群三维模型最终效果

附录 3.2　第 2 单元实验记录

（a）影像分割结果

（b）矢量化结果

（c）基元分类结果

（d）建筑基元提取结果

（e）边界优化结果

（f）建筑实际高度提取结果

（g）建筑层数估算结果

（h）坐标修正结果

（i）参数管理结果

附图 18　第 2 单元实验各环节的输出结果

附表 2　第 2 单元实验各环节时耗记录表

	影像分割	矢量化	基元分类	基元提取	边界优化	高度提取	层数估算	坐标修正	参数管理	自动建模	合计时耗
时耗（min）	1	2	8	2	3	8	6	3	10	5	48

（注：初始基元总数 5802 个，提取且合并后的建筑基元数量 287 个）

241

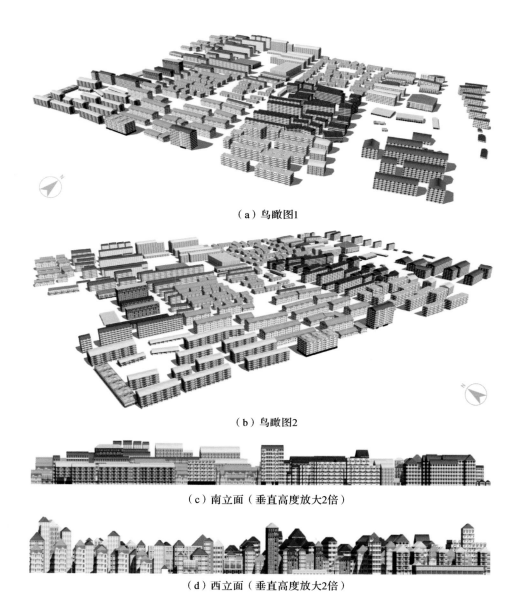

（a）鸟瞰图1

（b）鸟瞰图2

（c）南立面（垂直高度放大2倍）

（d）西立面（垂直高度放大2倍）

附图 19　第 2 单元建筑群三维模型最终效果

附录 3.3　第 3 单元实验记录

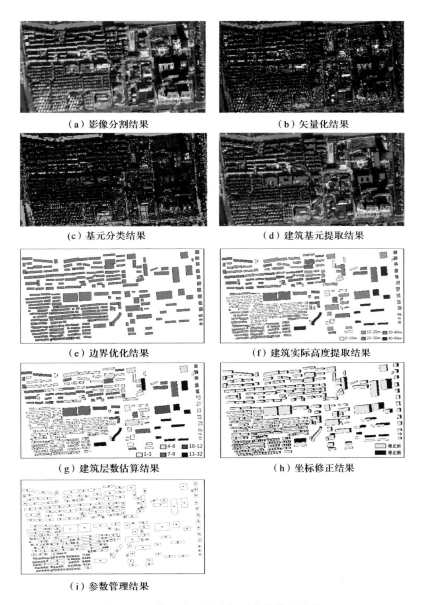

（a）影像分割结果　　　　　（b）矢量化结果

（c）基元分类结果　　　　　（d）建筑基元提取结果

（e）边界优化结果　　　　　（f）建筑实际高度提取结果

（g）建筑层数估算结果　　　　（h）坐标修正结果

（i）参数管理结果

附图 20　第 3 单元实验各环节的输出结果

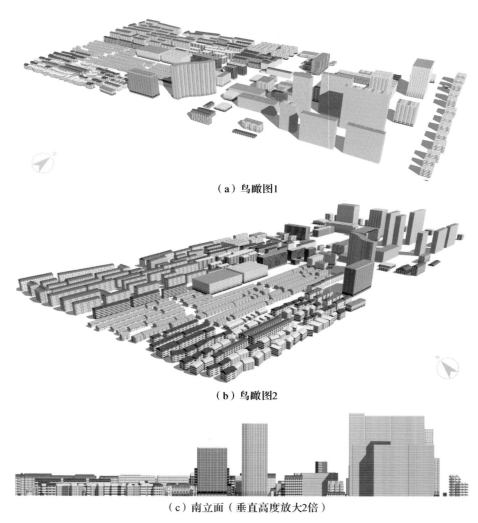

（a）鸟瞰图1

（b）鸟瞰图2

（c）南立面（垂直高度放大2倍）

附图 21　第 3 单元建筑群三维模型最终效果

附表 3　第 3 单元实验各环节时耗记录表

	影像分割	矢量化	基元分类	基元提取	边界优化	高度提取	层数估算	坐标修正	参数管理	自动建模	合计时耗
时耗（min）	1	3	9	2	3	8	6	3	9	5	49

（注：初始基元总数 6563 个，提取且合并后的建筑基元数量 303 个）

附录 3.4   第 4 单元实验记录

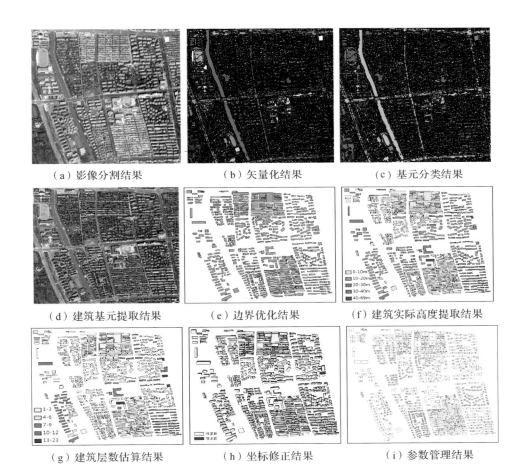

（a）影像分割结果　　　　　（b）矢量化结果　　　　　（c）基元分类结果

（d）建筑基元提取结果　　　（e）边界优化结果　　　　（f）建筑实际高度提取结果

（g）建筑层数估算结果　　　（h）坐标修正结果　　　　（i）参数管理结果

附图 22　第 4 单元实验各环节的输出结果

附表 4　第 4 单元实验各环节时耗记录表

	影像分割	矢量化	基元分类	基元提取	边界优化	高度提取	层数估算	坐标修正	参数管理	自动建模	合计时耗
时耗（min）	3	7	17	5	5	16	14	5	20	8	100

（注：初始基元总数 17975 个，提取且合并后的建筑基元数量 805 个）

245

（a）鸟瞰图1

（b）鸟瞰图2

（c）南立面（垂直高度放大2倍）

（d）西立面（垂直高度放大2倍）

附图 23　第 4 单元建筑群三维模型最终效果

附录3.5 第5单元实验记录

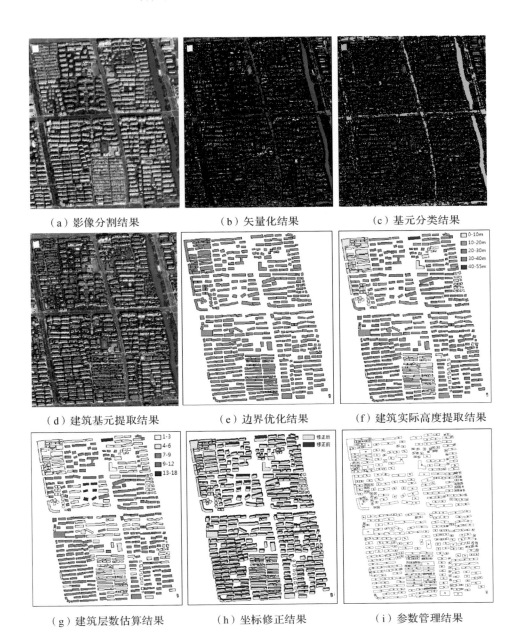

（a）影像分割结果　　（b）矢量化结果　　（c）基元分类结果

（d）建筑基元提取结果　　（e）边界优化结果　　（f）建筑实际高度提取结果

（g）建筑层数估算结果　　（h）坐标修正结果　　（i）参数管理结果

附图24　第5单元实验各环节的输出结果

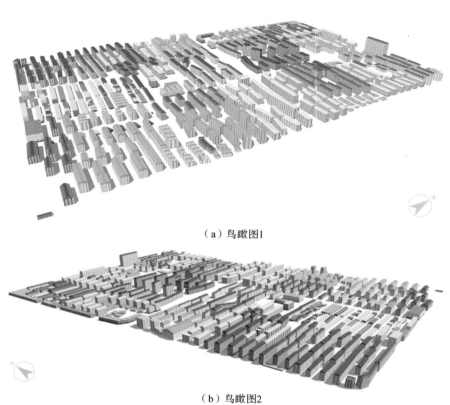

（a）鸟瞰图1

（b）鸟瞰图2

（c）南立面（垂直高度放大2倍）

（d）西立面（垂直高度放大2倍）

附图 25　第 5 单元建筑群三维模型最终效果

附表 5　第 5 单元实验各环节时耗记录表

	影像分割	矢量化	基元分类	基元提取	边界优化	高度提取	层数估算	坐标修正	参数管理	自动建模	合计时耗
时耗（min）	3	5	12	4	4	11	10	4	15	6	74

（注:初始基元总数 12690 个,提取且合并后的建筑基元数量 491 个）

附录 3.6   第 6 单元实验记录

（a）影像分割结果

（b）矢量化结果

（c）基元分类结果

（d）建筑基元提取结果

（e）边界优化结果

- 0-10m
- 10-20m
- 20-30m
- 30-40m
- 40-84m

（f）建筑实际高度提取结果

- 1-3
- 4-6
- 7-9
- 10-12
- 13-28

（g）建筑层数估算结果

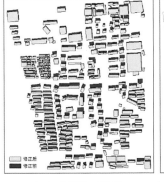

- 修正后
- 修正前

（h）坐标修正结果

（i）参数管理结果

附图 26   第 6 单元实验各环节的输出结果

（a）鸟瞰图1

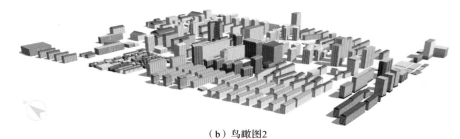

（b）鸟瞰图2

（c）南立面（垂直高度放大2倍）

（d）西立面（垂直高度放大2倍）

附图 27 第 6 单元建筑群三维模型最终效果

附表 6 第 6 单元实验各环节时耗记录表

	影像分割	矢量化	基元分类	基元提取	边界优化	高度提取	层数估算	坐标修正	参数管理	自动建模	合计时耗
时耗（min）	3	5	13	4	4	12	10	4	15	6	76

（注：初始基元总数 12670 个，提取且合并后的建筑基元数量 329 个）

附录 3.7　第 7 单元实验记录

（a）影像分割结果　　　　　（b）矢量化结果　　　　　（c）基元分类结果

（d）建筑基元提取结果　　　（e）边界优化结果　　　　（f）建筑实际高度提取结果

（g）建筑层数估算结果　　　（h）坐标修正结果　　　　（i）参数管理结果

附图 28　第 7 单元实验各环节的输出结果

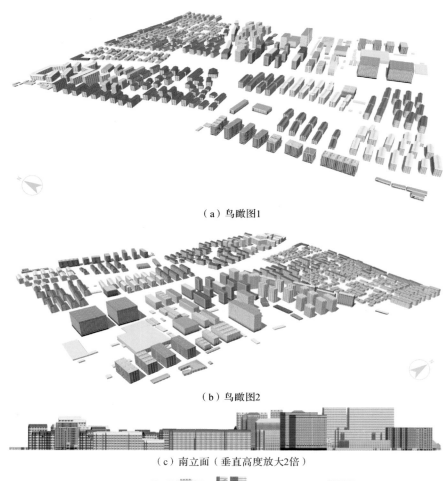

（a）鸟瞰图1

（b）鸟瞰图2

（c）南立面（垂直高度放大2倍）

（d）西立面（垂直高度放大2倍）

附图 29　第 7 单元建筑群三维模型最终效果

附表 7　第 7 单元实验各环节时耗记录表

	影像分割	矢量化	基元分类	基元提取	边界优化	高度提取	层数估算	坐标修正	参数管理	自动建模	合计时耗
时耗（min）	3	5	15	4	4	14	12	4	18	7	86

（注：初始基元总数 13916 个，提取且合并后的建筑基元数量 559 个）

附录 3.8 第 8 单元实验记录

（a）影像分割结果　　　（b）矢量化结果　　　（c）基元分类结果

（d）建筑基元提取结果　（e）边界优化结果　（f）建筑实际高度提取结果

0-10m
10-20m
20-30m
30-40m
40-55m

（g）建筑层数估算结果　（h）坐标修正结果　（i）参数管理结果

1-3层
4-8层
9-12层
13-16层
16-19层

修正后
修正前

附图 30 第 8 单元实验各环节的输出结果

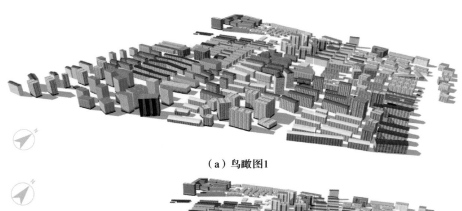

（a）鸟瞰图1

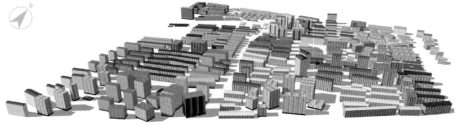

（b）鸟瞰图2

（c）南立面（垂直高度放大2倍）

（d）西立面（垂直高度放大2倍）

附图 31　第 8 单元建筑群三维模型最终效果

附表 8　第 8 单元实验各环节时耗记录表

	影像分割	矢量化	基元分类	基元提取	边界优化	高度提取	层数估算	坐标修正	参数管理	自动建模	合计时耗
时耗（min）	2	4	10	3	3	10	8	3	13	5	61

（注：初始基元总数 11302 个，提取且合并后的建筑基元数量 344 个）

后 记

与其他学科(特别是计算机、地理学科)的交叉融合是建筑设计、城乡规划领域的一个重要发展趋势,也是我自本科以来就一直关注的命题。本人在本科最后一年便开始自学计算机语言,通过参与老师的国家863项目研究学习算法设计;在硕士期间加入硕导陈秋晓副教授的研发团队,学习了目标识别算法和软件开发;博士期间重点研究了参数化技术和城市建模。长期的研究、积累构成了本人的博士学位论文,并经修改完善,终成此书。

书稿付梓,内心不由感慨万千,一路走来,十载浙大求学路,有失有得,有分有合,诸多波折,风雨泥行,终见彩虹。喜悦之余,唯有感恩。

首先衷心感谢我的硕士导师、博士合作导师陈秋晓副教授,是他将我从一个编程门外汉引入到计算机技术的殿堂,为我开辟了一个全新的知识天地,也使我明确了自己未来的研究方向。陈老师渊博的学识、严谨的治学、开明的思想、谦和的为人、踏实的作风和达观的人生态度深深地影响着我。回顾五年的研究生求学之路,学术上得到了陈老师的悉心指导,令我受益终身;生活上得到了陈老师无微不至的关怀,在他大力资助下我才得以克服重重困难完成学业。这份厚重的师恩我将永远铭记在心。

特别感谢我的导师李王鸣教授,正是在她的支持下,我才得以顺利踏上博士求学之路。求学期间,有幸能多次面对面地聆听李老师的谆谆教诲,老师渊博的学识、严谨的学术作风、敏锐的洞察力令我敬佩和叹服。

非常感谢我的博士后导师华晨教授的精心指导。华老师治学之严谨和勤奋,处事之谦虚和审慎,思想之高屋建瓴,创作之精益求精,令我受益终生。

十分感谢中国科学院的骆剑承研究员、沈占锋副研究员、杨辽(教授级)高工,浙江工业大学的王卫红教授以及浙大的李咏华副教授,他们让我有机会参与多个国家级和省级的研究性课题与项目,从中开阔了眼界、增长了知识、积累了经验。感谢SINCE团队给予我在科研方面的指导和帮助。感谢浙江大学建筑工程学院的王竹、徐雷、葛坚、罗卿平、贺勇、沈杰、杨秉德、亢萌、杨建军、胡晓鸣、魏薇、饶传坤、陈晓平、高俊、祁巍峰、王微波、连铭、顾哲、郑卫、邓竹、陈钢、吴高岚、徐辛妹、丁旭、徐延安、王伟武等多位老师的教导和帮助。感谢浙江大

255

学城乡规划设计研究院的郑天工程师在基础实验数据收集方面提供的帮助。

感谢陈家班全体成员——陈伟峰师兄、孙宁师姐、杨威、岳平、钱国栋、万丽、周玲、张斌、吴霜、洪冬晨、周子懿等，成长之路上离不开大家的互相学习和互相照应。感谢师母季小琛老师一直以来对我的关心和照顾。感谢浙江大学城乡规划设计院的李剑元、叶茬芬工程师给予我在专业技术方面的指导和帮助。

感谢衢州学院为我创造了良好的工作环境。感谢衢州学院建筑工程学院的李燕院长、林定远书记、胡云世副院长、廖小辉副院长在科研、教学和生活上给予的关心、支持和帮助。感谢衢州学院建筑设计技术系的吴建、胡小勇、曹冬梅、温天蓉、刘惠南，以及土木工程、工程管理、建筑工程专业、实验室中心等的全体同事，与你们一起共事非常愉快。特别感谢同事温天蓉和师弟童磊一直以来为课题研究所做的工作。

最温馨的感谢送给我的爱妻周伟芳女士，非常感谢她在曾经分居异地的六年时间里对我一如既往的信任、理解、鼓励、支持和付出，并为我生了2个可爱的儿子。感谢养我育我的父母所给予的莫大支持，他们不辞辛劳地承担了大部分照看孩子的重任，为我分担了很多生活压力。感谢我的岳父岳母所给予的无尽关怀。

谨以此书献给我的爱妻周伟芳、大宝厚厚和二宝远远，你们是我一生最宝贵的财富。

吴　宁

2016 年 1 月于衢州学院